フェルミ推定力養成ドリル

ローレンス・ワインシュタイン、ジョン・A・アダム
山下優子、生田理恵子=訳

草思社文庫

Guesstimation:
Solving the World's Problems on the Back of a Cocktail Napkin
by
Lawrence Weinstein and John A.Adam
Copyright © 2008 by Lawrence Weinstein and John A.Adam
Japanese translation published by arrangement with
Princeton University Press
through The English Agency (Japan) Ltd.
All rights reserved.

No part of this book may be reproduced or transmitted in any form
or by any means, electronic or mechanical, including photocopying,
recording or by any information storage and retrieval system,
without permission in writing from the Publisher.

フェルミ推定力養成ドリル　目次

まえがき ─────────────────── 009

第1章 問題の解き方 ───────── 015

ステップ1 ──────────────── 016
ステップ2 ──────────────── 018
例1：モンガミリオンズ宝くじの山 ─── 019
例2：とんでるアメリカ人 ──────── 021
例3：ロサンゼルスのピアノ調律師 ─── 023

第2章 大きな数を相手にする ── 027

2.1　科学的表記法 ──────────── 028
2.2　正確さ ─────────────── 031
2.3　単位について ─────────── 034
2.4　単位の換算 ──────────── 036

第3章 一般的な問題 ───────── 039

3.1　大家族 ─────────────── 041
3.2　フォア！ ─────────────── 043
3.3　ピクルスでとどく距離 ───────── 045
3.4　タオルを投げ入れる ────────── 047

3.5	そこの君、ドームをいっぱいにしてくれないか？	049
3.6	1モルのネコ	051
3.7	ずっしり重い宝くじ	053
3.8	ゴミの山	055
3.9	トラッシュモア山	057
3.10	とんでる人たち	059
3.11	問題を棚に上げる	061

第4章 動物と人　　087

4.1	空の星よりもたくさん	089
4.2	働いている血液	091
4.3	皮膚を脱ぐ	093
4.4	長い長い髪	095
4.5	ホットドーーーーーッグ	097
4.6	フィールドは広かった	099
4.7	気持ち悪い計算！	101
4.8	トイレに行く	103
4.9	まっすぐに伸ばすと…	105

第5章 交通手段　　129

5.1	クルマで土星の向こうまで	131
5.2	ガソリンに溺れる	133
5.3	ハイウェイをゆっくりと	135

5.4	人力車と自動車	137
5.5	車の排ガス・馬の排カス	139
5.6	タイヤの跡	141
5.7	車のために働く	143

第6章 エネルギーと仕事 ... 165

6.1	高さのエネルギー	166
6.1.1	山登り	167
6.1.2	アルプス山脈を平らにする	169
6.1.3	建物を高くする	171
6.2	運動エネルギー	173
6.2.1	サービス	175
6.2.2	運動学的トラック輸送	177
6.2.3	大陸のレース	179
6.2.4	「勇敢に航海し…」	181
6.3	仕事	183
6.3.1	クラッシュ！	185
6.3.2	スパイダーマンと地下鉄の車両	187

第7章 炭化水素と炭水化物 ... 213

7.1	化学エネルギー	214
7.1.1	ガソリンのエネルギー	217
7.1.2	電池のエネルギー	219
7.1.3	電池のエネルギー密度	221

7.1.4	電池とガソリンタンクの比較	223
7.2	食物がエネルギー	225
7.2.1	食事と給油	227
7.2.2	エタノールの農地	229
7.3	パワー！	231
7.3.1	熱い人間	233
7.3.2	ガソリンを満タンにする	235
7.3.3	電気自動車を充電する	237

第8章 地球、月、そしてスナネズミ ---- 259

8.1	「それでも地球は回っている」	261
8.2	かわして！	263
8.3	超特大の太陽	265
8.4	太陽のパワー	267
8.5	スナネズミでできた太陽	269
8.6	化学的な太陽	271
8.7	隣り合わせの超新星	273
8.8	溶けた氷床	275

第9章 エネルギーと環境 ---- 301

9.1	人々への電力供給	303
9.2	大陸の電力	305
9.3	太陽エネルギー	307
9.4	太陽エネルギー用の土地	309

9.5	風車と戦う	311
9.6	石炭の電力	313
9.7	原子核の電力	315
9.8	舗装された地面	317

第10章 大気 — 341

10.1	薄い大気の中へ	343
10.2	太古の大気	345
10.3	呼吸	347
10.4	石炭からのCO_2	349
10.5	大出力	351
10.6	車からのCO_2	353
10.7	ガソリンを木に変える	355
10.8	木をガソリンに変える	357

第11章 リスク — 377

11.1	路上のギャンブル	379
11.2	航空機の真実	381
11.3	生命のビーチ	383
11.4	煙のように消える	385

第12章 例解のない問題 395

付録A 必要な数値と公式 401

付録B 例解のためのヒント 403

参考資料 406

まえがき　いったいどのぐらい大きいの？

　数字は、常に私たちに降りかかってきます。よく使われるのは、私たちを怖がらせる場合です。例えば、「今年はサメによる被害が2倍！」とか、「飛行機におけるチャイルドシート使用により、何十人もの命が救われる可能性！」、というものです。私たちを誘惑するために使われることもよくあります。例えば、「今週の宝くじの賞金は1億ドル！」、というものです。また、数字が、世の中のことを理解するために必要なものであることも間違いありません。例えば、「平均的なアメリカ人が出すゴミの量は1世帯で年間10m^3！」や、「原子力発電所が、何トンもの高レベル放射性廃棄物を排出！」などです。

　紛らわしいことが多く、時に矛盾することもある、こうした数字の意味を理解するために必要なものは、たったの2つにすぎません。(1) 大きい数字の意味に対する理解、そして、(2) ほんのわずかな基本事実をもとに、大まかで常識的な推定を行う能力です。本書では、その簡単な技をお教えします。皆さんが世の中をもっとよく理解し、数に関するナンセンス、政治に関するナンセンス、科学に関するナンセンスをもっとよく見分けられるようになる技術です。

　皆さんはまた、この技術を使って自分のキャリアを高めることもできます。多くの一流企業では、就職の面接

で推定の問題を出して、求職者の知性と柔軟性を判断しています。[1]。大手のソフト会社、経営コンサルタント、投資銀行（例えば、マイクロソフト、ゴールドマン・サックス、スミス・バーニー）では、中国における紙おむつの市場規模はどれくらいか、747型機にはゴルフボールがいくつ詰め込めるか、ピアノの調律師は世界中に何人いるか、といった問題を出しています。[2, 3]。企業は、求職者の素早い判断力や、現実世界の問題に対する数学スキルの応用能力をテストできる、優れた問題としてこれらを使っているのです。

このような問題は、これらを作って解くことを好んだ伝説的な物理学者エンリコ・フェルミにちなんで、「フェルミ推定」と呼ばれています。初期のある原爆実験の最中、フェルミは、衝撃波が通り過ぎるときに紙切れを数枚落として、紙切れが落ちるときの動きから爆風の強さを推定したといわれています。

本書では、今この瞬間に世界中で自分の鼻をほじくっている人のために必要なごみの埋め立て処分場の大きさを始め、たいていのことは皆さんが自分で推定できる力をつけられるようにしたいと思っています。こうした問題の分析方法にこれだというものはないので、正解につながる多くの道筋のいくつかを例解として示すことにします。

最初に、短い 2 つの章で推定方法と大きな数字の扱い方を説明し、それから本書の中心へと進みます。おもしろい問題（必要なときのためにたくさんのヒントあ

り）と、章の最後に集めた例解です。問題は章ごとに分野が分かれていて、それぞれエネルギー、環境、交通手段、リスクといった特定の話題に焦点を絞っています。各章は簡単な問題から始まって、だんだん難しいものになっていきます。第6章から第9章までの問題は、さまざまな形のエネルギーに関するものとなっています。山登りから始まって、ガソリン、チョコチップクッキー、電池、太陽、スナネズミ、風車、ウランに例えるとどうなるかをみていきます。

　問題は、単純なものから複雑なものまで、また、バカバカしいものからまじめなものまで、多岐にわたる現象を取り上げています。興味をそそるたくさんの問題の答えを求めていきましょう。

　世界中のすべての人間を1カ所に押し込めたら、どのぐらいの広さが必要でしょうか。
　電池がいくつあれば、車のガソリンタンクの代わりになるでしょうか。
　スパイダーマンは電車の車両を本当に止められたでしょうか。
　原子力発電所や石炭発電所が1年間に出す排出物の量はどのぐらいでしょうか。
　車の運転にかかる本当の費用はどのぐらいでしょうか。
　1グラムあたりの熱出力が大きいのは、太陽とスナネズミのどちらでしょうか。

ガソリンをとうもろこしが原料のエタノールに切り換えるには、あとどのぐらいの農地が必要でしょうか。

　こうした問題に答えるために必要となるのは、自ら考え、大きな数字と向き合おうとする心構え、それだけです。必要となるような科学原理や方程式については、念のため書き出します。皆さんは、自分がすでに持っている知識を出発点としてどれほど答えを出せるのか、きっと驚くことでしょう。
　皆さんがこれから手に入れる新しい知識は、この先に出会うことになる数多くの推定問題に応用できます。あ、それから、その就職の面接もうまくいきますように！

編集部より
本書の問題に使われているアメリカや世界の人口、アメリカの自動車保有台数、平均所得などの数値は、原書刊行当時（2008年）の概数です。

- 〔　〕でくくった部分は、訳者による補足です。
- 本文中の［　］は、参考資料の通番です。
- 著者が挙げた文献に邦訳がある場合はその旨を補記しましたが、本書で用いた訳文は、すべて訳者による私訳です。
- 本文の上に小さい数字で示した箇所は、章ごとの原注の通番です。

第1章
問題の解き方

ステップ1

　答えを書きましょう［4］。言い方を換えれば、合理性のある解き方を見つけましょう、ということです。ほとんどの場合、これでこと足ります。

　例えば、ニューヨークからボストンまで約400kmあるとしたら、車でどれくらいかかるでしょうか。平均時速が80〜100kmだとして4、5時間くらい、とすぐに推定できるでしょう。週末に車でボストンに行くかどうか決めるには、これで十分です。車で行くとなれば、地図やインターネットで経路や所要時間をきちんと調べるでしょう。

　同じように、お店に行く前には通常、使ってもよい金額を考えておきます。皆さんは、あるゲームには100ドルくらいなら使ってもいいだろう、と考えるかもしれません。もしそれが30ドルになっていたら、反射的に買うでしょう。もし300ドルだったら、反射的に素通りするでしょう。100ドル前後だった場合にのみ、買うかどうかを考えることになるでしょう。

　本書でも同じ論法を利用します。答えが1/10〜10倍〔ほぼ同じ桁〕以内になるように推定してみましょう。なぜ1/10〜10倍以内なのでしょう。それは、ものごとを決定する際には、ほとんどの場合それで十分だからです。

　ある問題に対する答えを予測したら、その答えは、いわゆる3つの「ゴルディロックス」（ゴルディロックスとは、童

話『ゴルディロックスと3匹の熊』に出てくる主人公の女の子の名前。熊の留守中に、3種類のスープや椅子やベッドを試して、自分に「ちょうどいい」ものを見つける）の状態のいずれかにあてはまるはずです。その3つとは、

1. 大きすぎる
2. 小さすぎる
3. ちょうどいい

です。

　答えが大きすぎるか小さすぎるような場合、どうすべきかは自分で判断できます（例えば、その品物を買う、とか、ボストンまで車で行かないとか）。答えがちょうどいい場合だけは、問題を解決し答えに磨きをかけるもうひと踏ん張りが必要となります（しかし、それは本書の目的とするところではありません。ここでは、1/10〜10倍以内に収まる答えを推定できるようになることを目指すにとどめます）。

　すべての問題がこれくらい単純であれば、本書は必要ないでしょう。ところが、問題の多くはあまりに複雑で、すぐに正しい答えを出すのは難しいようにみえます。このような問題の場合、もっともっと小さな構成要素に分解する必要があります。最終的に、この構成要素を、その1つ1つについて答えを推定できるまでに小さく、かつ、単純なものとするのです。そこで、次のステップへと進みます。

ステップ2

　もし答えを推定できない場合は、その問題をもっと小さな構成部分に分解し、その1つ1つについて答えを推定します。必要なのは、その答えの1つ1つが1/10〜10倍以内に収まるように推定することだけです。さて、それはどれくらい難しいのでしょうか。

　多くの場合、ある分量の上限と下限を設定するほうが、それそのものを直に推定するよりも簡単です。たとえば、1台のフォルクスワーゲン・ビートルにサーカスのピエロが何人乗れるかを推定しようとしている場合、その答えが1人以上100人未満であることはわかります。上限と下限の平均をとって、50と推定することも可能です。しかし、これは最良の選択とはいえません。なぜなら、これは下限の50倍もあって、上限のたった1/2だからです。

　ここでは、推定した値と設定した上限および下限との隔たりに注目し、その桁が等しくなるようにしたいので、幾何平均〔相乗平均ともいう〕を使うことにします。2つの数字についておおよその幾何平均を取るには、その係数を平均し、それからその指数を平均すればよいのです[注1]。ピエロの問題の場合、$1 = 10^0$ [注2]と$100 = 10^2$

[注1] 係数と指数を使うのは、科学的表記法で数字を表すためです。指数とは10のべき数のことで、係数とは10のべき数に掛け算する数（1〜9.99）のことです。もし、このような表記についてよくわからないという場合は、科学的表記法の章（「第2章　大きな数を相手にする」）にさっと目を通してからここに戻ってきてください。ここで待っていますから。[注2] どのような数字でも0乗すると1になります。

の幾何平均は $10 = 10^1$ となります。なぜなら、指数 0 と 2 の平均は 1 だからです。同様に、2×10^{15} と 6×10^3 の幾何平均は約 4×10^9 となります(なぜならば、$4 = \dfrac{2+6}{2}$ であり、また $9 = \dfrac{15+3}{2}$ だからです [注3])。指数の和が奇数の場合はもう少し複雑です。その時は指数の和から 1 を引いて偶数にし、その偶数に対して同じようにして出てきた答えに 3 を掛けるのです。したがって、1 と 10^3 の幾何平均は $3 \times 10^1 = 30$〔1 の指数は 0 なので、指数の和は 3。3 は奇数なので、3−1 を半分にした 1 が幾何平均の指数になる〕となります。

例1:モンガミリオンズ宝くじの山

ここで、比較的単純な例をみていきましょう。モンガミリオンズという宝くじで当選する見込みは、1億分の1です [注4]。ありったけの番号のくじ券をすべて重ねたら、この山の高さはどれくらいになるでしょうか。それに最も近いものは、次のうちどれでしょうか。背の高い建物(100 m)、小さな山(1,000 m)、エベレスト(10,000 m)、大気圏の高さ(10^5 m)、ニューヨークからシカゴまでの距離(10^6 m)、地球の直径(10^7 m)、そ

[注3] もっと正確に言うなら(そもそも本書はそういう本ではないのですが)、b と c という 2 つの数字の幾何平均は $a = \sqrt{b \times c}$ となります。ここで使っている近似法は、指数については正確で、係数については本書に関するかぎり必要十分です。[注4] 宝くじの広告看板にはよく、当選確率が下のほうに非常に小さな字で書いてあります。

れとも月までの距離（4×10^8 m）でしょうか。この高さの山からたった1枚の当たり券を選び出そうとしている姿を想像してみてください。

解き方：

この問題を解くには、2つの情報が必要となります。存在するくじ券の枚数と、くじ券1枚の厚さです。宝くじの当たる可能性が1億分の1ということは、番号の異なるくじ券が1億（10^8）枚あるということです [注5]。くじ券1枚といった本当に薄いものを正確に推定することはできないため（1 mm、それとも0.1 mm？）、くじ券一束の厚さを求めてみましょう。

まず、紙の束全般について考えてみましょう。500枚の束のコピー用紙またはプリンター用紙は、およそ5 cmありますが、この用紙はくじ券よりも薄くできています。52枚1組のトランプは約1 cmです。こちらのほうがおそらく近いでしょう。つまり、くじ券1枚の厚さ（t）は、次のようになります。

$$t = \frac{1 \text{cm}}{52 \text{枚}} = 0.02 \text{cm/枚} \times \frac{1 \text{m}}{10^2 \text{cm}} = 2 \times 10^{-4} \text{m/枚}$$

したがって、10^8 枚のくじ券の厚さ（T）は次のようになります。

[注5] 1億＝100,000,000で、1の後ろに0が8つ（数えてみてください！）つきます。科学的表記法では、これを1×10^8と表すことができます。

$T = 2 \times 10^{-4}$ m/枚 $\times 10^8$ 枚 $= 2 \times 10^4$ m

2×10^4 m は20kmです。

水平に重ねたとしたら、徒歩で4、5時間かかる距離です。

垂直に重ねたとしたら、エベレスト（10km）の2倍の高さ、旅客機が飛ぶ高さの2倍となります。

さて、ひょっとすると、普通の紙の厚さを使う方もいらっしゃるかもしれません。そうすると、くじ券の山の高さは数分の1になります。ひょっとしてくじ券1枚を1mmとして計算すると、山の高さは数倍になります。はたして、山が10kmなのか、それとも50kmなのかは重要なことでしょうか。いずれにしろ、その山からたった1枚の当たり券を選び出す可能性は、まったくもって小さいのです。

例2：とんでるアメリカ人

これから出てくる問題は、すごく面白い問題です。なぜかというと、第一に、私たちは厳密な答えを出そうとしているのではないから、そして第二に、答えの推定には何通りもの方法があるからです。では、複数の解き方がある少し難しい問題をみてみましょう。

アメリカ人は、1年に何回飛行機に乗るでしょうか。
これについては、トップダウン方式あるいはボトムアップ方式で推定することができます。つまり、空港の数

から始めてもよいし、アメリカの人口から始めてもよいのです。

解き方1：

アメリカの人口から始め、それから一人ひとりが1年に何回飛行機に乗るかを推定しましょう。アメリカの人口は 3×10^8 人です [注6]。ほとんどの人は休暇や仕事で年に一度旅行しますが（つまり、飛行機に2回乗る）、ごく一部の人（ざっと10％）は、それよりずっと頻繁に旅行します。つまり、一人当たりの年間フライト数は2回から4回の間となります（そこで3回としましょう）。したがって、1年当たりの総フライト数 (N) は次のようになります。

$$N = 3 \times 10^8 人 \times 3 回/人・年 = 9 \times 10^8 人/年$$

解き方2：

空港の数から始め、それから空港1つ当たりのフライト数と1フライト当たりの旅客数を推定します。中規模の州には、それなりの規模の空港がいくつかあります（例：ヴァージニア州にはダレス空港やレーガン・ナショナル空港、ノーフォーク空港、リッチモンド空港、シャーロッツビル空港が、マサチューセッツ州にはボス

[注6] これは、たくさんの推定問題を解くために知っておく必要のある数字の1つです。そこで、この数字を自分の手のひらに書きとめて、本書の問題で使えるようにしておいてください。

トン空港とスプリングフィールド空港があります）。50の州それぞれに3つの空港があれば、米国内には150の空港があることになります。各空港では、最大で2分間に1便の処理が可能です。ということは、1時間に30便、つまり、1日16時間で500便となります。大半の空港の便数は、この最大数よりもずっと少ないでしょう。また、航空機1機に搭乗できる乗客の数は50人から250人の間です。このことから、年間の旅客数（N）はおよそこのようになります。

$$N = 150 空港 \times 100 便/空港・日 \times 100 人/便 \times 365 日/年$$
$$= 5 \times 10^8 人/年$$

すごい！　この2つの解き方は1/2〜2倍以内の値に収まっています。

また、2005年の実際の米国内航空旅客数は、6.6×10^8であり、どちらの答えとも大差ありません。

例3：ロサンゼルスのピアノ調律師

今度は、もう少し難しい問題をやってみましょう。

ロサンゼルス（もしくは、ニューヨークか、ヴァージニアビーチか、皆さんのお住まいの町）にはピアノの調律師が何人いるでしょうか。これは、エンリコ・フェルミ［5］が考え出した古典的な例で、物理学の授業の最初にたびたび使われていました。なぜならば、これに

は、こうした問題の攻略に使われる手法や論理的思考は必要だけれども、物理的概念はまったくいらないからです。

解き方：

これは複雑な問題なので、単純に答えを推定できるようなものではありません。これを解くには、問題を分解する必要があります。推定する必要があるのは、(1) ロサンゼルスにはピアノが何台あるか、(2) 調律師一人で何台のピアノを調律できるか、ということです。ピアノの台数の推定に必要なのは、(1) その町の人口、(2) ピアノを持っている人の割合、(3) これもまたピアノを持っている学校や教会その他の数、です。調律師一人で調律できるピアノの台数を推定するために必要なのは、(1) ピアノを調律する頻度、(2) 1台のピアノの調律にかかる時間、(3) 一人の調律師がピアノの調律を行う総時間、です。

つまり、推定する必要があることは以下のとおりです。

1. ロサンゼルスの人口
2. 一人当たりのピアノの割合
3. ピアノ1台の年間調律頻度
4. ピアノ1台の調律にかかる時間
5. ピアノの調律師一人の年間労働時間

順にみていきましょう。

1. ロサンゼルスの人口は、10^8 人よりもずっと少ないはずです（アメリカの人口が 3×10^8 人であるため）。そして、10^6 人よりはずっと多いはずです（通常の大都市がこの規模であるため）。そこで、10^7 人と推定することにしましょう。
2. ピアノを所有していると考えられるのは、個人、学校、教会です。楽器を演奏する人の割合は、人口の約10%です（1%〜100%であることは間違いないので）。音楽家のうちピアノを演奏する人は多くても10%ですが、その人たちが皆ピアノを持っているわけではないため、ピアノを所有する人の割合は、音楽家たちのおそらく2〜3%でしょう。これは人口の 2×10^{-3} となります。教会はおよそ1,000人に1つあり、その1つ1つにピアノが1台あると思われます。また、学校は、生徒約500人に1校（もしくは人口1,000人当たりに約1校）あり、各校にピアノが1台あると思われます。つまり、1人当たりのピアノ台数は、4×10^{-3} 〜 5×10^{-3} 台です。これにより、ピアノの台数は、おおよそ $10^7 \times 4 \times 10^{-3} = 4 \times 10^4$ 台となります。
3. ピアノの調律頻度は、1カ月に1回よりも少なく、10年に1回よりも多いだろうと思われます。そこで、1年に1回と推定しましょう。
4. ピアノ1台の調律にかかる時間は、30分よりはずっと長く、1日よりは短いはずです（音程の狂いがあま

りにひどい状態ではないと仮定します)。そこで、2時間と推定しましょう。もう一つの考え方として、鍵盤のキーが88個あることに注目する方法があります。1つのキーに1分かかれば、1.5時間かかることになります。キー1つ当たり2分であれば、3時間かかることになります。
5. フルタイムで働く人の労働時間は、1日に8時間で、週に5日間、1年に50週間であるところから、8 × 5 × 50 = 2,000時間となります。2,000時間あれば、1,000台の調律が可能です(すごい!)。

つまり、ピアノ 4×10^6 台には40人の調律師が必要ということになります。

どのぐらい現実に迫れたでしょうか。そこで、住民 10^6 人(ロサンゼルスの10分の1)の我が町の電話帳を見てみると、「ピアノ——調律、修理、塗装」という見出しの下には16件載っています。1件につきおそらく1人か2人の調律師がいて、おそらくはフルタイムで調律をおこなってはいないと思われます。ということは、どうやら私たちの推定はこの5分の1しかないようです。しかし、ただ当て推量した場合よりもかなり近い数字です。

本書では、1/10～10倍以内に収まる答えを推定しようとしているだけであることをお忘れなく。

第2章
大きな数を相手にする

2.1 科学的表記法

お気づきかと思いますが、先ほど1億を表すために100,000,000ではなく10^8を使いました。こうするには2つの理由があります。1つ目の理由は、もし3兆を20京倍すると、

3000000000000 × 200000000000000000
= 6000000······

となり、とめどなく続くゼロを数え間違えることは、ほぼ確実だからです。電卓を使ったら、まずこのとめどないゼロを数え間違え、次に電卓のゼロを押す回数を間違え、結局さらに間違った数字になってしまうでしょう。答えの先頭の数字（6）は正しくても、大きさが桁違いということになってしまいます。6,000ドルもらうべきところが60ドルだったようなものです。ゼロの数のほうが先頭の数字よりもずっと重要なのです。

実は、非常に大きな数字や非常に小さな数字を書くための、簡単で簡潔な方法があります。どのような数字でも、1〜10の数字と10の累乗の数の積として書くことができるのです。例えば、257は2.57×100と、0.00257は2.57×0.001と書くことができます。でも、これではゼロを数えなくてはなりません（1つの数字につき1回だけですが）。そこで、100にはゼロが2つあるので10^2と書き、0.001にはゼロが3つあって（先頭

のゼロも数える）1よりも小さいので10^{-3}と書くのです。すると、257は2.57×10^2と、0.00257は2.57×10^{-3}と書くことができます。「指数」は10の累乗にいくつゼロがあるかを示し（先の例では2や-3）、「係数」は10の累乗に掛ける数字です。このような書き方を「科学的表記法」といいます。

もっとよくわかるように、いくつか例を見てみましょう。

$$0.01 = 1 \times 10^{-2}$$
$$2,000 = 2 \times 10^3$$
$$3,000,000 = 3 \times 10^6$$

$x \times 10^y$という形の科学的表記法を使う二つ目の理由は、数字のもっとも重要な部分とは指数yであって、係数xではないからです。米国の人口3億を3×10^8と表したとき、8は3よりもずっと重要です。なぜなら、3を4に変えても、人口は1/3すなわち30％しか変わらないからです。8を9に変えると、人口が10倍変わることになります（つまり1,000％）。これはとても大きな変化です。ただでさえ人が多すぎると思っている場合には、なおさらです。そのため、科学的表記法を使って、指数を明確に記すのです。

科学的表記法の場合の掛け算や割り算の規則は単純です。掛け算のときは、係数を掛け算し、指数を足し算します。例えばこうです。

$$3 \times 10^6 \times 4 \times 10^8 = (3 \times 4) \times 10^{6+8}$$
$$= 12 \times 10^{14} = 1.2 \times 10^{15}$$

割り算の場合は、係数を割り算し、指数を引き算します。例えばこうです。

$$\frac{3 \times 10^6}{4 \times 10^8} = \frac{3}{4} \times 10^{6-8} = 0.75 \times 10^{-2} = 7.5 \times 10^{-3}$$

ここで注目してほしいのは、どちらの例でも、途中の係数が10よりも大きかったり1よりも小さかったりしたことです。このような場合、はみ出している係数は科学的表記法の表記で書き換えることになります。つまり、最初の例について言えば、係数12は1.2×10^1と書き換えるのです。実際にはどうやったのかというと、

$$12 \times 10^{14} = (1.2 \times 10^1) \times 10^{14} = 1.2 \times 10^{15}$$

2番目の例の場合、係数0.75は7.5×10^{-1}と書き換えられるので、次のようになります。

$$0.75 \times 10^{-2} = (7.5 \times 10^{-1}) \times 10^{-2} = 7.5 \times 10^{-3}$$

科学的表記法を使った数字の足し算や引き算を行うときには、両方の数字の指数が同じでなくてはなりません。3×10^7と4×10^8の足し算をするには、小さいほ

うの指数のついた数字をもう1つの数字と同じ指数になるように変換する必要があります。この場合、指数を1（7から8に）増やすと、それと同時に係数を10で割らなくてはなりません（なぜなら、指数を増やすということは数字を10倍することになるため、係数を小さくすることで補正を行い、数字が変わらないようにする必要があるからです）。つまり、次のようになります。

$$3 \times 10^7 + 4 \times 10^8 = 0.3 \times 10^8 + 4 \times 10^8 = 4.3 \times 10^8$$

それでは、最初の式に戻ってみましょう。

3兆（3,000,000,000,000）は 3×10^{12} と書き、20京（20,000,000,000,000,000）は 2×10^{16} と書くので、この演算は次のようになります。

$$3 \times 10^{12} \times 2 \times 10^{16} = (2 \times 3) \times 10^{12+16} = 6 \times 10^{28}$$

もうゼロを数える必要はありません。指数の足し算をすればよいのです。12と16を足し算して28を出すほうが、12個のゼロと16個のゼロを数えて28個のゼロを書くよりずっとラクです。

2.2　正確さ

どのような数字であれ、もっとも重要な部分は指数です。次いで、2番目に重要な数字が、係数（10の累乗に

掛け算する数字)の先頭の桁です。係数の2番目やそれ以降の桁は、先頭の桁を少し修正しているだけです。

係数の桁の数(「有効桁数」ともいいます)は、私たちがどのくらい細かくその数字のことを知っているかを表します。例えば、皆さんの友人が車の道案内をするときに、「2、30km くらい東へ進んで、オブスキュア・アレーを左に曲がって」と指示するのと、「東へ25.2km進んでからオブスキュア・アレーを左に曲がって」と指示するのとでは、とてつもない差があります。最初の説明は、かなり曖昧で不明確です。皆さんは、20km辺りから30km過ぎの間のどこかでオブスキュア・アレーが出てくるはずと思うことでしょう。左に曲がり損ねた場合、かなり先に行ってしまってからUターンして探すことになります。2番目の説明は非常に正確で、皆さんは、オブスキュア・アレーが25.1kmから25.3kmぐらいに行ったところにあるはずだと思うことでしょう。曲がり損ねてしまったら、おそらく26km走る前にUターンするでしょう。2番目の説明で付け加えられた桁は、その友人が距離をきちんと測ったということを示しています。

同様に、桁を多くしすぎるのもばかばかしいということが、次の小話で分かるでしょう。博物館の警備員に恐竜の骨格がどれくらい古いものか聞いたとします。警備員は、7,500万と3 (75,000,003) 年前のものだと答えます。こちらが怪訝そうな顔をしているのを見て、警備員は、自分が3年前にこの仕事を始めたときには、こ

の骨格はもう7,500万年経っていたから、と説明するのです。

　また、電卓で同じような間違いをすることがよくあります。例えば、ガソリン23.0L（リットル）で327km走ったとします。電卓で327を23で割ると、14.2173913…と出てきます。しかし、これはこの問題に対する答えとは言えません。走った距離も消費した燃料も9桁で出した数字ではないので、この答えが正確とはとても言えないのです。この場合、燃費は、3桁の327km/23.0L＝14.2km/Lとなります。

　科学計算における有効数字の扱い方にはたくさんのきまりがあります。幸いなことに、そのほとんどは私たちには必要ないものです。

　本書では、同じ桁数以内に入るように数量の推定を行うことにします。したがって、基本的に係数が1桁となるようにします。これはつまり、7.2×10^3を四捨五入して単に7×10^3とするということです。私たちが出す推定値では、先頭の桁以外はとても正確とはいえません。ですから、それ以降の桁をつけておくことはうそをつくことになります。実際よりもずっとよく答えを知っている、と言うようなものだからです。

　有効数字を1つだけにしておくと、もう1つよいことがあります。こうした問題を解くために電卓を使わずに済むということです。電卓を使わずに1桁の数字や2桁の数字（指数）の足し算や引き算ができ、また、電卓を使わずに1桁の数字の掛け算や割り算ができるの

2.3 単位について

筆者は、研究者や科学者としてもう何十年もメートル法を使ってきたのに、考えるときはいまだにインチやフィートやポンドや華氏(米慣習単位)を使うことがあります。それが日々使っている単位だからです。物事を推定するとき、アメリカ人は一般的にまず米国の単位で推定し、それからメートルなどに換算します。問題のあとで、アメリカの単位に換算し直すこともあるでしょう。なお、km/hr、リットル(L)、立方センチメートル(cm^3)といった単位は、国際単位系(SI)〔MKS単位系(メートル/キログラム/秒)が発展したもの〕には入っていません。

実をいうと、換算係数が「単に10の累乗」であるため、国際単位系での計算のほうがずっと簡単(試しに電卓を使わずにマイルをインチに変換してみてください)で、また、「体積といった量の換算も国際単位系のほうがずっと簡単」なのです。私たちは、1L = 1000cm^3で、1m^3 = 1000Lであることを知っています。1ガロンを立方インチで言うといくつになるでしょう。分からないですよね。

量	単位の名称	米慣習単位換算(参考)
長さ	1メートル (m)	3ft
長さ	10^3m (1km)	0.6mi

長さ	0.01m（1cm）	0.4in.
体積	1リットル（L）	1クオート
質量	1キログラム（kg）	2.2ポンド（1b）
質量	10^3kg	1トン
重量	1ニュートン（N）	0.2lb
速さ	1m/秒	2.2mph
時間	$\pi \times 10^7$秒	1年

　国際単位系は、単位の換算を単純化するだけではありません。いろいろな計算をする際もこのほうがずっと簡単です。量はすべてメートルと秒とキログラムを基本としているからです。したがって、力の単位ニュートン（N）は、キログラムメートル毎秒毎秒と同等です。ここでは、以下のような略号を使って単位を表すことにしましょう。メートル（m）、秒（s）、キログラム（kg）、ワット（W）、ジュール（J）、ニュートン（N）、リットル（L）、時間（hr）などです。国際単位系の詳細については、米国国立標準技術研究所のウェブサイト（http://physics.nist.gov/cuu/Units/index.html）〔日本では独立行政法人産業技術総合研究所の計量標準総合センターのウェブサイト（http://www.nmij.jp/library/units/si/)〕を参照してください。

　また、標準接頭辞として、ギガ（10^9、G）や、メガ（10^6、M）、キロ（10^3、k）、センチ（10^{-2}、c）、ミリ（10^{-3}、m）、マイクロ（10^{-6}、μ）、ナノ（10^{-9}、n）も使います。これらについては、一覧表にして付録Aに入れてあります。ピコやテラ、ヨクトを使わなくてはならない場

合は、前もってお知らせします。

2.4 単位の換算

この先、ある単位から別の単位へと量の換算を行うケースが頻繁に出てきます。例えば、光が1年で到達する距離や、100Wの電球が1年間に消費するエネルギーを計算するには、時間の単位を年から秒に換算する必要があります。そのために行うのが、元々の数字と、1に等しいさまざまな換算係数（例えば、60秒/1分＝1）との掛け算です。このやり方で換算すると、以下のようになります。

$$1年 = 1年 \times \left(\frac{365日}{1年}\right)\left(\frac{24時間}{1日}\right) \times \left(\frac{60分}{1時間}\right)\left(\frac{60秒}{1分}\right)$$
$$= 3.15 \times 10^7 秒$$

1年 ≈ $\pi \times 10^7$ 秒であることに注目してください（先の表にも入っていました）。π がここに出てくるのは、地球がほぼ真円で太陽の周りを回っていて、円の円周 $c = 2\pi R$ だからです [注1]。

米慣習単位に慣れた方は、マイル毎時（mph）からメートル毎秒（m/s）への換算も知っておくと便利です。

[注1] 皆さんは本気にしなかったですよね。π は単なる偶然ですが、これなら覚えやすいでしょう。指数の「7」のほうが先頭の桁の「3」よりもはるかに重要であることは、言うまでもありません。

計算はメートル毎秒のほうがずっと簡単だからです。幸い、換算は単純です。まず、メートルをキロメートルにしてからマイルに換算し、それから秒を分にしてから時間に換算すればよいのです。

$$1\text{m/s} = 1\text{m/s} \times \left(\frac{1\text{km}}{10^3\text{m}}\right)\left(\frac{0.6\text{マイル}}{1\text{km}}\right)$$
$$\times \left(\frac{60\text{秒}}{1\text{分}}\right)\left(\frac{60\text{分}}{1\text{時間}}\right) = 2.2\text{mph}$$

したがって、1 m/sは2 mphちょっとということになります。

　この2つの便利な知識はこの後で利用することになります。ですから、手のひらに書いておいてもかまいませんよ。

第3章
一般的な問題

　まずは、距離と空間に関する単純な問題からみていきましょう。私たち自身にはどれだけの空間(スペース)が必要か、私たちの出すゴミにはどれだけの空間(スペース)が必要か、私たちが食べるピクルスにはどれだけのスペースが必要か、という問題が出てきます。

3.1
大家族

　世界中のすべての人間をぎゅうぎゅうに寄せ集めるとしたら、どのぐらいの広さが必要でしょうか。大都市や、州あるいは小さな国、アメリカ、アジアの面積に例えてみてください。

　また、一家族ごとに家と庭（つまり1区画の土地）を持たせたら、どのぐらいの広さが必要となるでしょうか。

解答は63ページへ

ヒント 全世界の人口は、60億を少し超えるくらいです。この場合の「少し」とは、ほんの3億程度です。そこで、これについては無視することにします。

ヒント 1m^{2}には人間が何人入るでしょう。

ヒント 人間一人当たりの広さが決まったら、それに人数を掛けます。

ヒント 庭の広さを推定するにあたって、正方形だと仮定します。皆さんの庭の幅はどのぐらいですか。3mか、10mか、30m、それとも、100mでしょうか。幅を10mにすると、庭の面積は、$A = 10\text{m} \times 10\text{m} = 100\text{m}^2$となります。

3.2 フォア!

地球の赤道上にゴルフボールをぐるりと1周並べたら、ボールはいくつ必要でしょうか [注1]。

解答は66ページへ

[注1] これはトム・アイゼンハワーが出してくれた問題です。[6]。

ヒント ゴルフボールの直径はどのぐらいでしょう。

ヒント 地球の外周はどのぐらいでしょう。

ヒント 半径を覚えていれば、外周は$c = 2\pi R$です（半径を覚えていない場合でも、cはやはり$2\pi R$ですが、公式はほとんど役に立ちません）。

ヒント ロサンゼルスとニューヨークには3時間の時差があります。地球全体では時間帯(タイムゾーン)は全部で24個あります。

ヒント 地球の外周は、ニューヨークとロサンゼルスの距離の8倍です。飛行機だと6時間で行ける距離です。

3.3
ピクルスでとどく距離

　アメリカで昨年販売されたすべてのピクルスをつなげるようにして並べていくと、どのぐらいの距離になるでしょうか。

解答は68ページへ

ヒント 一般的にピクルスの長さはどのぐらいでしょう。

ヒント 平均的なアメリカ人は、1年間にいくつのピクルスを食べるでしょう。

3.4
タオルを投げ入れる

普通のバスタオルの表面積はどのぐらいでしょう（細い繊維も含めてください）。部屋や、家や、サッカー競技場の面積と比べるとどうでしょうか。

解答は69ページへ

ヒント とてもふわふわしたタオルの細かい繊維について考えてみましょう。$1 m^2$ の中にいくつあるでしょう。

ヒント 大きなタオルの面積はどのぐらいでしょう。その中に繊維は全部でいくつあるでしょう。

ヒント 細かい繊維1つ1つの表面積はどのぐらいでしょう。

ヒント 1つ1つの繊維の長さと厚みも考えに入れましょう。

3.5
そこの君、ドームをいっぱいにしてくれないか?

　蛇口から水を出して、アメリカの国会議事堂やセントポール寺院の(逆さにした)ドームをいっぱいにするには、どのぐらいの時間がかかるでしょうか。秒でも日でも週でも、その他どのようなものでも、適当と思われる単位で答えを出してください。

　　　　解答は71ページへ

ヒント ドームの直径を推定しましょう。

ヒント 容積 $\approx \dfrac{1}{2} d^3$

ヒント 4Lの水差しに台所の蛇口から水を入れていっぱいにするには、どのぐらいかかりますか。あるいは、最近のシャワーヘッドの流量は、1分当たりどのぐらいでしょう。

3.6
1モルのネコ

1モルのネコの重さはどのぐらいでしょうか [注2]。1モルは、分子または原子の個数を表す単位で、任意の原子をその個数だけ集めると、その物質の原子量にg（グラム）をつけた重さになります。例えば、1モルの水素原子の重さは1gで、1モルの炭素原子の重さは12gです。化学では、これを使って化学反応で同じ数の原子があるかどうかを確かめています。

これを山の質量、大陸の質量、月の質量（7×10^{22}kg）、地球の質量（6×10^{24}kg）と比べてみましょう。

解答は73ページへ

[注2] これもトム・アイゼンハワーが出してくれた問題です。[8]。

| ヒント | どのようなものであれ、1モルに含まれるその個数はアボガドロ数（6×10^{23}）だということを思い出してください。 |

| ヒント | 一般的なおとなの飼い猫の体重はどのぐらいでしょう。 |

3.7
ずっしり重い宝くじ

モンガミリオンズ宝くじ 10^8 枚の質量はどのぐらいでしょうか。また、それを40t積みのトラックで運ぶと何台必要となるでしょうか。

解答は74ページへ

ヒント このような券の長さはどのぐらいでしょう。幅はどうでしょう。第1章の例1で、厚みを 2×10^{-4} m と推定したことを思い出してください。

ヒント 面積はどのぐらいでしょう。

ヒント 質量＝体積×密度

ヒント くじ券の密度は、例えば水のそれと比べるとどうでしょう。水の密度は 10^3kg/m^3（水 1m^3 の質量は、10^3 kg、すなわち 1 t）です。

3.8
ゴミの山

アメリカでは、毎年どのぐらいの家庭ゴミが収集されているでしょうか（m³かtで答えてください）。

解答は76ページへ

ヒント 皆さんは、毎週どのぐらいのゴミを捨てますか。

ヒント 家庭用ゴミ袋は50L用ですが、つぶして小さくすることができます。

ヒント アメリカの世帯数を推定してください。

3.9
トラッシュモア山

そのゴミ全部（1つ前の問題を参照）を埋立地に捨てたら、どのぐらいの場所が必要となるでしょう。それは、アメリカの表面積の何割でしょうか。

解答は79ページへ

ヒント この1つ前の問題でわかったゴミの体積はどのぐらいでしょう。

ヒント そのゴミすべてに対して必要な面積はどのぐらいでしょう。どれくらいの高さまで積み上げることができるでしょう。

ヒント アメリカの面積はどのぐらいでしょう。

ヒント 東海岸から西海岸まで航空機で6時間かかります。あるいは、ニューヨークとロサンゼルスの間には時間帯(タイムゾーン)の境が3つあります。

ヒント 南北の距離は東西の距離と同じでしょうか。半分でしょうか。それとも、4分の1でしょうか。

3.10
とんでる人たち

平均すると、その時々でアメリカ上空を飛んでいる人は何人いるでしょう。

解答は82ページへ

| ヒント | 午前3時を選んではいけません。日中の時間を選んでください。 |

| ヒント | 皆さんが飛んでいる時間の割合を考えてみてください。つまり、1年間の時間数や日数に対する、1年当たりのフライト時間数やフライト日数です。 |

| ヒント | 人が空を飛ぶことに費やす時間の割合は、その時々で空を飛んでいる人の割合と同じです。 |

3.11
問題を棚に上げる

　前回のカリフォルニア大地震のときに、大学図書館の本棚から200万冊の本が落下しました。すべての本を3週間で本棚に並べなおすには、何人の学生を雇う必要があるでしょうか。

解答は84ページへ

> **ヒント** 1人の学生は1時間に何冊の本を本棚に並べられるでしょう。

> **ヒント** 1人の学生が1週間に働ける時間は何時間でしょう。

3.1 例解

　では、始めましょう。60億人とは、6×10^9 人ということです。$1\,\mathrm{m}^2$ には、ぎゅうぎゅうにすると何人入るでしょうか。はっきりとは言えませんが、3人から10人の間ではあるはずです。そこで、ここでは6人とします（遊んだり、食べたり、寝たりするために必要なスペースは考慮していません。あー、それから、トイレの問題は第4章で出てきますので、それまで待っていてください）。$1\,\mathrm{m}^2$ 当たり6人とすると、60億人に必要な広さは、

$$A = 6 \times 10^9 \text{人} \times \frac{1\,\mathrm{m}^2}{6\text{人}} = 10^9 \mathrm{m}^2$$

となります。10億 m^2 といっても、これがどれくらい大きいか、見当もつきません（かなり大きそうではありますが）。そこで、もっと合理的な単位に換算しましょう。キロメートル（km）に換算します。$1\,\mathrm{km} = 10^3\mathrm{m}$ です。$1\,\mathrm{km}^2$ は一辺が $10^3\mathrm{m}$ の正方形なので、$1\,\mathrm{km}^2 = 10^3\mathrm{m} \times 10^3\mathrm{m} = 10^6\mathrm{m}^2$ となります。

　したがって、

$$A = 10^9 \mathrm{m}^2 \times \frac{1\,\mathrm{km}^2}{10^6 \mathrm{m}^2} = 10^3 \mathrm{km}^2$$

です（皆さんは覚えているでしょうか。科学的表記法の

数の割り算を行う場合、まず係数の割り算を行ってから指数の引き算を行います。この場合、$\frac{10^9}{10^6} = 10^{9-6} = 10^3$ となります)。つまり、1000km² の広さが必要だということです。これは、一辺が30kmの正方形です。地球上の全人口は、一辺が30kmの正方形の中に収まるということです。これは、ロサンゼルスやヴァージニアビーチといった大都市の面積です。

ありゃ！　全然大したことないですね。

今度は、すべての家族に家と庭（小さな土地）を持たせることにしましょう。まず、一般的な家族の人数を推定する必要があります。米国やヨーロッパでは、平均的な家族は3人ですが、発展途上諸国ではそれを少し上回ります。ここでは3人とし、土地を広めに見積もれるようにしましょう。

次に、庭の大きさを推定する必要があります。面積の推定は慣れていないので、正方形の庭と仮定してその幅を推定することにしましょう。その庭がサッカー競技場（100m）より狭くて、家（10m）より広いことは確実です。そこで、幾何平均をとって30mと推定しましょう。ということは、一家族がもらえる土地の面積は、$A = 30\text{m} \times 30\text{m} = 10^3 \text{m}^2$ となります。したがって、私たちが全員で使うことになる土地の総面積は、以下のとおりです。

$$A = 6 \times 10^9 \text{人} \times \frac{1 \text{ 家族}}{3 \text{人}} \times = \frac{10^3 \text{m}^2}{\text{家族}} = 2 \times 10^{12} \text{m}^2$$

（あくまで念のためですが、科学的表記法の数の掛け算を行うときは、係数の掛け算を行ってから指数の足し算を行います。今回の場合は、$10^9 \times 10^3 = 10^{9+3} = 10^{12}$ です。）これは、$2 \times 10^6 \mathrm{km}^2$（200万$\mathrm{km}^2$）です。とても広いように思えますが、アラスカの面積や、エジプトの2倍の面積に過ぎません。地球の表面積のたった1％です。

　これなら、人間以外のほかの種が使える場所もふんだんに残るというものです。

3.2 例解

　この問題の答えを出すには、ゴルフボールの直径と、地球の外周が必要です。では、簡単なほうからみていきましょう。ゴルフボールの直径は約4cmです。

　地球の外周を推定するには、何通りかの方法があります。例えば、ニューヨークとロサンゼルスには3時間の時差があり、地球全体では24個の時間帯(タイムゾーン)があります。ということは、地球の外周は、ニューヨークとロサンゼルスの距離の約8倍ということになります。もし、その距離が4,800kmだということを覚えていなくても、ニューヨークからロサンゼルスまで飛行機で6時間かかり、今のジェット機が時速約800kmであることから推定することもできます。したがって、外周 (c) はおよそ以下のようになります。

$$c = 8 \times 4{,}800 \text{km} = 3.8 \times 10^4 \text{km}$$

　また、ジェット旅客機の速度は地球の自転よりも遅く（どんなときも到着するのは出発の後——現地時間で——ですから）、軍用機の中には速度が地球の自転よりも速いものがあるということも知っています。ジェット旅客機が時速約800kmで、軍用機の最高時速は3,200kmですから、地球の自転は時速1,600kmと推定してよいでしょう。地球は24時間で回りきるため、そ

の外周は、$c = 24 \times 1,600\text{km} = 3.8 \times 10^4\text{km}$ となるはずです。

　もちろん、外周が40,000kmであることや、地球の直径が6,400kmで、円周は$c = 2\pi R$であることを覚えていれば、推定する必要はありません。

　ここまでくれば、計算は単純です。まず、地球の外周をkmからcmに換算する必要があります。すると、必要なゴルフボールの数（N）は、以下のとおりとなります。

$$N = 4 \times 10^4\text{km} \times \frac{10^3\text{m}}{1\text{km}} \times \frac{10^2\text{cm}}{1\text{m}} \times \frac{\text{ボール1個}}{4\text{cm}} = 10^9 \text{個}$$

太平洋は、巨大なウォーターハザードです。10億個ものゴルフボールが水中に没してしまったらとても腹が立つでしょう。ですから、水に浮かぶ特殊なものを使ったほうがよさそうです。

　よい機会ですから、ここで「ppb」（10億分の1を表す単位）という概念について触れておきましょう。空気中に何らかの有害物質が何ppbもあるという場合、それは、例えば、地球を取り囲む多くの白いゴルフボールに紛れている赤いゴルフボールの数を言っているようなものです。赤道を何カ月も歩いてようやく1つ目の赤いゴルフボールが見つかる程度なのです。

3.3 例解

推定しなくてはならないことは、平均的なアメリカ人が1年間に食べるピクルスの数と、平均的なピクルスの長さです。町で売られている平均的なピクルスは、確実に1cmよりは長いけれども、100cm（1mのピクルス？　ひゃーっ！）はないので、およそ10cmと推定することにしましょう。そして、平均的なアメリカ人が消費するピクルスの量は、1年間に1個以上（ハンバーガーに入っているピクルスの薄切りを含む）、1日当たり1個（1年で400個）未満であるため、年間20個と推定することにしましょう[注3]。したがって、1年に消費するすべてのピクルスの全長は、次のようになります。

$$L = 3 \times 10^8 \text{人} \times \text{ピクルス} 20 \text{個/人} \times 10 \text{cm/個}$$
$$= 6 \times 10^{10} \text{cm} \times \frac{1\text{m}}{10^2 \text{cm}}$$
$$= 6 \times 10^8 \text{m}$$

これはつまり、6×10^5kmの距離ということです。なんと、地球から月までの距離よりも長いのです。先端技術なんか要りません。NASAは、スペースピクルスを使えばいいのです。

[注3] USDA [7] によると、2000年にアメリカ人が消費したピクルスの量は、1人当たり1.8kgだということです。ということは、私たちが出した1人当たり20個という推定はそう悪くありません。

3.4 例解

　今さらいうまでもありません！　1 m×2 mの大きな長方形のタオルの総表面積は4 m²（両面で）ですよね。

　もちろん、使い古しのくたびれたタオルなら話は別です。新しいタオルであれば細かい繊維がたくさんあって、多量の水分を吸い取ってくれます（「乾かせば乾かすほど濡れるもの、なーんだ」という古いなぞなぞを思い出します）。映画『銀河ヒッチハイク・ガイド』のファンでなければ、皆さんは自分のタオルを持ってきていないはずです〔この映画の中で、主人公とその友人は、地球が滅びるときにタオルだけ持って脱出し、全編にわたってそのタオルを持っている〕。ですから、急いでお風呂場に行って、取ってきてください。さあ、早く行ってきて、床一面びしょぬれにしておきますから！

　いえ、本当に取りに行って、1 cm²当たりの繊維の数を数える必要はありません。1 cm²当たりのその数は、10個以上、1,000個未満のはずですから、10^1と10^3の幾何平均をとって10^2個としましょう。もちろん、これはどこでタオルを買うかによって変わってきます。ここでは、高級ホテルにあるような、とてもいい部類のタオルを想定しています。

　もう戻ってきましたか？　オッケー。次に、繊維1つ1つの表面積を推定する必要があります。この繊維は円筒形あるいは箱型だとみなしてよいでしょう。円筒

形は複雑なので箱型のほうにします。繊維1つは、だいたい長さが0.5cmで、幅が1mmです。「箱型」の繊維には平面が4つあって、それぞれ0.5cm×0.1cmです。したがって、1つの繊維の表面積 (A_{fiber}) は次のようになります。

$$A_{fiber} = 4 \times 0.5\,\text{cm} \times \frac{1\,\text{m}}{10^2\,\text{cm}} \times 0.1\,\text{cm} \times \frac{1\,\text{m}}{10^2\,\text{cm}} = 2 \times 10^{-5}\,\text{m}^2$$

これで、我らが大きなバスタオルの総表面積 (A_{total}) を計算できます。

A_{total} = タオルの面積×単位面積当たりの繊維数×繊維1つ当たりの面積

$$= 4\,\text{m}^2 \times \frac{10^2\,\text{個}}{1\,\text{cm}^2} \times \frac{10^4\,\text{cm}^2}{1\,\text{m}^2} \times 2 \times 10^{-5}\,\text{m}^2/\text{個}$$

$$= 80\,\text{m}^2$$

これはおよそ、大きなアパートや小さな戸建て住宅ほどの大きさです。

この問題は、ある意味で海岸線の長さの計算に似ています。タオルの面積がその単純な面積よりもずっと広いように、例えばニューヨークからボストンまでの海岸の長さは、320kmという車で走る距離よりもずっと長いのです。

3.5 例解

　推定する必要があるのは、ドームの容積と蛇口の水の流量です。ドームの容積を推定するには、その直径を推定する必要があります。セントポール寺院やアメリカの国会議事堂のドームの直径は、10m以上あるけれども100m（サッカー競技場の長さ）はないので、幾何平均をとって、直径を$\sqrt{10 \times 100}$ m = 30mと推定することにします。

　球の体積は$V = \dfrac{4}{3}\pi R^3$で、ドームは球を半分にしたものであることを思い出せれば、次のように求めることができます。

$$V = \frac{1}{2} \cdot \frac{4}{3}\pi R^3 = 2(15\,\mathrm{m})^3 = 6 \times 10^3 \mathrm{m}^3$$

球の方程式を忘れてしまっていても、ドームは立方体を半分にしたものとみなすことができる（ピカソだってそうしたかもしれません）ので、おおよその容積は次のようになります。

$$V = \frac{1}{2}d^3 = 0.5 \times (30\,\mathrm{m})^3 = 10^4 \mathrm{m}^3$$

1/2～2倍程度の誤差に過ぎません。問題ありません！

　今度は、蛇口の水の流量を推定しなくてはなりません。一般的な家庭用の蛇口の場合、いっぱいにひねると

30秒もかからずに4L入りの容器を満杯にすることができます。米国の節水型シャワーは1分当たり10Lに抑えてあるため、ほぼ同じです。水1m^3は10^3Lです。したがって、国会議事堂のドームをいっぱいにする時間は、以下のとおりとなります。

$$t = ドームの容積/流量$$
$$= \frac{6 \times 10^3 \text{m}^3 \times 10^3 \text{L/m}^3}{8\text{L/分}} = 7 \times 10^5 \text{分}$$

70万分というのは、数量としてあまりわかりやすいものではありませんね。そこで、もっと使いやすい単位に換算してどうなるかを見てみましょう。

1時間は60分です。ということは、1日はおおよそ$60 \times 25 = 1{,}500$分です[注4]。そこで、分を日に換算すると、以下のようになります。

$$t = 7 \times 10^5 \text{分} \times \frac{1\text{日}}{1.5 \times 10^3 \text{分}} = 500\text{日}$$

2年かかりません。
　もちろん、まずドームを逆さにしなくてはいけませんが……。

[注4] 私たちはよく、1日があと1時間長かったら、と思うものです。ここでは、単に計算を簡単にするためにこのようにしています。

3.6 例解

　ここで使うのは、体重が約8kgという太った猫たちです。うちの近所に住むクエンティンという猫がモデルです。といっても、彼の（あるいは飼い主の）承諾を得ているわけではありませんが。1モルには、$N_A = 6 \times 10^{23}$個の対象があります。それは、1モルの原子であろうと、1モルの猫であろうと（あるいは1モルのもぐらであろうと）変わりません。つまり、膨大な数のその猫の質量（M）は、おおよそ次のとおりになります。

$$M = 8\,\mathrm{kg} \times 6 \times 10^{23} = 5 \times 10^{24}\,\mathrm{kg}$$

これは、ほぼ地球の質量で、月の70倍の質量です。正気の沙汰ではありません！

　それで、もし猫でできた地球なんてばかばかしいと思うなら、スナネズミでできた太陽のところまで読み進んでいってください（問題8.5を参照）。

3.7 例解

　このくじ券すべての質量を推定するには、その体積と密度を推定する必要が出てきます。物体の密度は、体積当たりの質量で表されます。空気の密度は非常に低く（1kg/m^3）、水の密度は中程度（10^3kg/m^3、すなわち1kg/L）で、鉛は高密度（10^4kg/m^3、すなわち10kg/L）です。

　体積は、縦×横×高さです。第1章の例1で、すでにくじ券1枚の厚みは2×10^{-4}mと推定してありますから、あと必要なものは、縦と横だけです。くじ券の一辺は約10cmです。少し違う数字にしてもよいのですが、正方形の計算には切りのよい数字です。したがって、計算は次のようになります。

$$V = 10\text{cm} \times \frac{1\text{m}}{10^2\text{cm}} \times 10\text{cm} \times \frac{1\text{m}}{10^2\text{cm}} \times 2 \times 10^{-4}\text{m}$$
$$= 2 \times 10^{-6}\text{m}^3$$

したがって、このようなくじ券10^8枚の体積は、$V = 10^8 \times 2 \times 10^{-6} = 200$m^{3}となります。

　では、この宝くじ1束の質量はどうでしょう。理科の授業で習ったとおり、質量は体積と密度を掛けたものです。宝くじを買ってはずれだったら、投げ捨てたくなるかもしれませんね。もちろん、そんなことはしませ

ん。どんなにムッとしていても、ポイ捨ては間違っているからです。しかし、仮にですが、くじ券を水たまりにぽいっと投げたとしましょう。くじ券は浮かぶでしょうか、それとも沈むでしょうか。前者だろう、と筆者は思います。少なくともいくらか水を吸うまでは。その後、紙製品によってはしばらく時間がかかるものもありますが、おそらく沈むでしょう。これは、くじ券の密度が水の密度とかなり近いことを意味します。水の密度は$1{,}000\mathrm{kg/m^3}$、すなわち$1\,\mathrm{t/m^3}$なので、総質量は200tとなります。これを運ぶには、40t積みトラックが5台必要です。

　見方を変えると、この宝くじで必ず当たるようにするには、くじ券を満載したトレーラートラックをまず5台購入しなければならないということです！

3.8 例解

　リサイクルの時代以前（そして子供たちが親元で暮らしていた頃）、私たちは台所の50L入りゴミ箱をほぼ1日おきに空にしていたものです。今ではそれが1週間にたった1回程度ですが、新たにリサイクル用ゴミ箱が週に1回空にされるようになりました（新聞紙や、箱やその他のダンボール箱、瓶、プラスチック製容器、缶などが入ったもの）。でも、考えてみると、この問題に関しては全部をひとまとめにしたほうが簡単そうです。リサイクルのことを考慮しても、家庭に関する限り答えは倍も違わないので、この問題では考慮しないことにします。

　では始めましょう。週に3、4回ゴミ箱を空にした場合、4人で約200Lのゴミとなります。さて、1Lは10^{-3} m^3なので、先ほどの「1週間当たり200L」は$0.2 m^3$となります。1年間（50週）では、4人で$50 \times 0.2 = 10$ m^3のゴミを出します。うわぁ〜。

　こんなのはまだ序の口です。アメリカの人口は3×10^8人、つまり10^8世帯なので、つぶして小さくしていない状態で$10^9 m^3$のゴミを出します。

　それでは、このゴミの質量を計算してみましょう。考慮すべきことは2つあります。1つ目は、ゴミのほとんどが液体ではないことです（えーっ、皆さんは汁物を捨てたことがあるんですか！）。そのため、ゴミ袋の中に

はたくさんの空間があります。そして、2つ目は、これに関連していますが、ゴミの密度は水の密度よりもはるかに小さいということです。それでは、密度を推定してみましょう。満杯になったその50 L用ゴミ袋は、おそらく5～10kgの重さしかないでしょう。したがって、密度は0.1～0.2kg/ L（0.1～0.2t/m^3。水の密度の10～20%）となります。

平均密度を0.2 t/m^{3}としましょう。すると、私の家族は1年間でm＝10m^3×0.2t/m^3＝2 tのゴミを出したことになります[注5]。ここで注意してほしいことは、平均密度がこれほど小さいので、ごみ収集車の中でごみを圧縮してしまえば体積は約3（1よりも大きく、5よりも小さい）分の1になるはずだということです。

自分たちの話はこれくらいにして、国全体を見てみましょう。人口が3×10^{8}人なので、私たちが出すゴミの総質量（M）と、つぶして小さくした総体積（V）は、およそ次のようになります。

$$M = 10^8 \text{世帯} \times \frac{2 \text{ t / 年}}{1 \text{世帯}} = 2 \times 10^8 \text{t / 年}$$

$$V = 10^8 \text{世帯} \times \frac{1}{3} \times \frac{10 \text{m}^3 / \text{年}}{1 \text{世帯}} = 3 \times 10^8 \text{m}^3 / \text{年}$$

[注5] アメリカでは、t には、メートルトン、ショートトン、ロングトン、といろいろあります。その差はたったの10%なので、ここでは同じ意味のものとして使うことにします。

さて、現実と比較するとどうでしょうか。米国環境保護庁［9］によると、2005年にアメリカが出した都市固形廃棄物（リサイクルを含む）は、2億4500万（2.45×10^8）tです。

次に考えなくてはならないのは、これら全部をどうするかということです。しかし、これは次の問題のテーマです。

3.9 例解

　私たちが求めなくてはならないのは、このゴミすべてに対して必要となる面積と、私たちに利用可能な面積です。まず、ゴミに対して必要となる面積から始めましょう。この前の問題では、アメリカ人は1年間に$3 \times 10^8 \mathrm{m}^3$のゴミを出す、と推定しました。1mの高さに積み上げれば$3 \times 10^8 \mathrm{m}^2$が必要となり、10mの高さに積み上げれば、必要な面積はたったの$3 \times 10^7 \mathrm{m}^2$となります。ここヴァージニアビーチでは、地元の通称エベレストをとても誇りにしています。それは、景観も美しく造られた元埋め立て処分地のトラッシュモア山のことで、海抜20mに達します。以上により、必要となる面積（A_{trash}）は次のようになります。

$$A_{trash} = \frac{3 \times 10^8 \mathrm{m}^3/\text{年}}{20\mathrm{m}} = 10^7 \mathrm{m}^2/\text{年}$$

それでは、将来を見越して、100年使えるくらいの広さの埋め立て処分地を作ることにしましょう。そうなると、必要となる面積は$10^9 \mathrm{m}^2$です。10億m^2は確かにかなりの広さのように思えます。そこで、もっとよく考えてみましょう。$1 \mathrm{km}^2$は、一辺が$10^3 \mathrm{m}$の正方形であるため、$1 \mathrm{km}^2 = (10^3 \mathrm{m})^2 = 10^6 \mathrm{m}^2$です。ということは、10億$\mathrm{m}^2$は、たったの（！）$1000 \mathrm{km}^2$（$10^9 \mathrm{m}^2 =$

$10^3 km^2$）ということです。これでもまだかなり広いように感じられますが、ロサンゼルス［注6］やヴァージニアビーチの面積に過ぎません。それに、アメリカ全土を処分用地に使えるのです。

　アメリカの土地面積はどれくらいでしょうか。アメリカの形が長方形だとして考えてみましょう。ここで必要となるのは、東西（ニューヨーク―ロサンゼルス間）と南北（メキシコ―カナダ間）の距離です。ニューヨークからロサンゼルスまでは航空機で6時間です。ジェット機の航空速度は時速約800kmですから、距離は約5,000kmとなります。また、別の方法もあります。私たちは、ニューヨークから見ると、ロサンゼルスは3つめのタイムゾーンにあることを知っています。このことから、距離は、地球の赤道における外周（これについては問題3.2のゴルフボールの問題の項で計算しましたね）の3/24 = 1/8だということがわかります。したがって、東西の距離は $4 \times 10^4 km/8 = 5 \times 10^3 km$ となります。よし、同じ答えになりました。

　「ちょっと待って」という方もいるかもしれません。「アメリカ国内に赤道は通ってないよ！」と。それは問題ありません（野心のある政治家でなければ）。なぜなら、アメリカ国内におけるタイムゾーン3つ分の幅は、赤道上におけるタイムゾーン3つ分の幅とそう違わないからです。

　「縦」（つまり南北）の寸法は、地図から長方形をしたア

［注6］埋め立て地によってロサンゼルスは格段に良くなると主張する人もいます。

メリカの相対比率を読み取ることで推定できます。南北の長さは東西の長さの約3分の1、つまり、約1,600kmです。そこで、アメリカの土地面積 (A_{US}) は、おおよそ次のとおりとなります。

$$A_{US} = 5 \times 10^3 \text{km} \times 1.6 \times 10^3 \text{km} = 8 \times 10^6 \text{km}^2$$

したがって、私たちのゴミ捨てに必要な土地面積の割合 (f) は次のとおりです。

$$f = \frac{A_{trash}}{A_{US}} = \frac{10^3 \text{km}^2}{8 \times 10^6 \text{km}^2} = 10^{-4}$$

これから分かることは、私たちがすべてのゴミを1箇所の広大な土地に100年間捨て続けても、アメリカの土地面積の99.99%が残るので、その他のやりたいことはすべてできるということです。ペン＆テラーが言っていたとおりです［10］〔ペン＆テラーは、アメリカのマジシャンコンビ〕。

3.10 例解

　基本的な考え方は2つあります。1つ目は、平均的な人の飛んでいる時間の割合は、その時々で飛んでいる人の平均的な割合と等しいということです。これはつまり、皆さんが自分の時間の10%をフライトに費やしている場合、平均して人口の10%の人がその時々に空を飛んでいるということです[注7]。ただし、これが当てはまるのは、物ごとを平均するに十分な人数がある場合だけですから注意してください[注8]。2つ目は、平均的な人が航空機に乗ったり、買い物をしたり、眠ったりといった皆さんの何でも好きなことに費やす時間の割合を、私たち自身の経験から推定する、というものです。言いかえると次のようになります。

$$\frac{いま飛んでいる人の数}{アメリカの人口} = \frac{飛んでいる時間}{1年}$$

　第1章の例2では、平均的なアメリカ人は1年に2回から4回航空機に乗るという推定を出しました。一般的なフライト時間は1時間から6時間（車を駐車した

[注7] これは、皆さんが自分の時間の10%をフライトに費やした場合に、その平均的な人の10%（大体、足1本くらいでしょうか）が上空を飛んでいるということではありません。[注8] ほかにもう1人いても、あるいは、もう10人いても十分ではありません。たえず何人かは空を飛んでいるくらい十分な人数が必要なのです。このことは、ここでは問題ありません。

り、列に並んで待ったり、美味しい空港の食べ物を食べたりといったことにかかる時間は計算に入れていません）なので、1年に3回のフライトで1フライト当たり3時間、つまり、1年に9時間のフライトと推定することにしましょう。それでは、わかっている数字を当てはめてみましょう。

$$\frac{\text{いま飛んでいる人の数}}{3 \times 10^8 \text{時間・人}} = \frac{9 \text{時間}}{400 \text{日} \times 25 \text{時間/日}}$$

これを次のように並べ替えてみます。

$$\text{いま飛んでいる人の数} = 3 \times 10^8 \text{時間・人} \times \frac{9 \text{時間}}{10^4 \text{時間}}$$
$$= 3 \times 10^5 \text{時間・人}$$

ということは、今この瞬間に30万人の人がアメリカ上空を飛んでいるということです。全員が無事に着陸できますように。

3.11 例解

　本は、棚に戻しさえすれば順番はどうでもいいというわけではありません。米国議会図書館分類法にのっとって並べる必要があります。そのため、注意して、その本が入るべき場所を正確に判断する必要があります。本が落ちるときは、それが元々入っていた場所の近辺に落ちるはずなので、図書館中を歩き回る必要はありません。本が足元にあって、それをどこに置くかすぐにわかれば、数秒〜1分で作業は終わります。したがって、1時間に60〜600冊の本を棚に戻すことができます。そこで、1時間に平均200冊（600冊の3分の1で、60冊の3倍）として考えることにしましょう。

　つまり、3週間にわたって、1日に8時間、週に5日間作業した場合に、1人の学生が棚に戻すことのできる本の数（N）は、次のとおりです。

$$N = \frac{200冊}{1人・時間} \times 8時間/日 \times 5日/週 \times 3週間$$
$$= 2 \times 10^4 冊/人$$

　さて、棚に戻さなければならない本は200万冊です。つまり、必要な学生の数（$N_{students}$）は、

$$N_{students} = \frac{2 \times 10^6 冊}{2 \times 10^4 冊/人} = 10^2 人$$

となります。
したがって、3週間でこれらすべての本を棚に戻すには、100人の学生が必要だということです（学生たちは、作業中に手を止めて本を読むことはないものとします）。

第4章
動物と人

　それでは続けて、動物と人に関する簡単な問題を解いてみましょう。私たちはどのぐらい大きくて、私たちはどこまで走れて、私たちには仮設トイレがいくつ必要か、ということです。
　言っておきますが、最後の問題は少し難しくなりますよ。

4.1
空の星よりも
たくさん

人間の体にはいくつの細胞があるでしょうか。

解答は107ページへ

ヒント 自分の体積を推定するには、どうすればよいでしょう。

ヒント 体積＝質量/密度。自分の質量はどのぐらいですか。水の密度は、1kg/L、すなわち10^3kg/m^3です。

ヒント あるいは、直方体の箱として自分の体積を推定してみましょう。

ヒント 本当に大きな部類の細胞は、なんとか目に見えるぐらいの大きさです。

4.2 働いている血液

世界中の人間の血液の総体積はどのぐらいでしょうか。

解答は110ページへ

ヒント 皆さんの体の体積のうち、血液が占める割合はどのぐらいでしょう。

ヒント 皆さんは一度にどのぐらいの量の献血を行いますか。それが皆さんの血液の体積に占める割合は、どのぐらいになるでしょう。

ヒント 世界の人口はどのぐらいでしょう。

4.3
皮膚を脱ぐ

　一般的な人間の表面積はどのぐらいでしょうか（考えるのは皮膚だけです。消化管の表面積は考慮しません）。

解答は113ページへ

ヒント 自分を平らなシーツと考えて、自分の長さと幅を推定してみてください。背中の面積も忘れずに。

ヒント あるいは、自分を円筒だと思って、自分の高さと半径を推定してみてください。円筒の表面積（ふたと底は無視します）は、$2\pi \times$ 半径 $\times$ 高さです。興味をお持ちであれば、その体積は $\pi r^2 h$ です。

4.4
長い長い髪

　平均的な女性の頭にある髪の毛をすべて合わせると、長さは合計でどのぐらいになるでしょうか。

解答は116ページへ

ヒント 女性の頭皮の面積はどのぐらいでしょう。

ヒント 髪の毛が生えている間隔は平均してどのぐらいでしょう。

ヒント 1本1本の髪の毛の長さはどのぐらいでしょう。

4.5
ホット
ドーーーーーーッグ

　普通の牛1頭からどのぐらいの長さのホットドッグ(あるいはソーセージでも、フランクフルトでも…)ができるでしょうか。

解答は118ページへ

| ヒント | 牛は、ひとの何倍の大きさでしょう。10倍？ 100倍？ 1,000倍？ |

| ヒント | ひとの体積はどのぐらいでしょう。 |

| ヒント | ホットドッグの厚みはどのぐらいでしょう。 |

| ヒント | そのホットドッグの体積が牛の体積と同じになるには、どのぐらいの長さが必要でしょう。 |

4.6
フィールドは広かった

サッカーの選手は、90分ゲームの間にどのぐらいの距離を移動しているでしょうか。

解答は120ページへ

| ヒント | 選手は、フィールドを何回行ったり来たりするでしょう。 |

| ヒント | あるいは、選手はどのぐらいの速さで走っていて、試合中はどのぐらい走っているでしょう。 |

| ヒント | 移動距離＝平均速度×移動所要時間 |

4.7
気持ち悪い計算！

　今この瞬間、鼻をほじくっている人は世界中に何人いるでしょうか。

解答は122ページへ

ヒント 世界の人口は 6×10^9 人です。

ヒント 鼻をほじくっている人の割合は、各人がその下品な行為に費やしている時間の割合と同じです。

ヒント 1日は約 10^3 分です。一般的な人が自分の鼻をほじくっている時間は、そのうち何分間でしょう。

4.8
トイレに行く

　100万人の政治集会には、どのぐらいの広さが必要でしょうか。仮設トイレはいくついるでしょうか。

解答は124ページへ

| ヒント | 政治集会では、周りの人たちとの間にどのぐらいの余裕があるでしょう。例えば$1m^2$には、何人の人がひしめいているでしょう。 |

| ヒント | 仮設トイレに入っている人の割合は、各人がその行為に費やしている時間の割合と同じです。 |

| ヒント | 皆さんがトイレで過ごす時間の割合はどのぐらいでしょう。 |

4.9
まっすぐに伸ばすと…

　皆さんの体の中にあるDNAは、すべて合わせるとどのぐらいの長さでしょうか。全人類のDNAの長さはどのぐらいでしょうか。

解答は126ページへ

| ヒント | 1つの細胞にDNAはどのぐらいあるでしょう。 |

| ヒント | DNAは「塩基対」の長い鎖でできていて、さらにこの鎖の環の1つ1つが約1,000個の原子でできています。 |

| ヒント | 1つの原子の大きさは約10^{-10}mです。 |

| ヒント | 各塩基対は、一辺の長さが10^{-9}mの立方体に近い形をしています。 |

| ヒント | 細胞の核にはDNAがいっぱい入っていて、その大きさは細胞の約1/10です。 |

| ヒント | 私たちは、問題4.1で細胞の数を推定したばかりです。 |

第4章　動物と人　107

4.1 例解

　このような個人的なことをお聞きして申し訳ないのですが、なにぶん筆者は皆さんとほとんど面識がないもので…、皆さんの体積はどのぐらいでしょうか。それは、皆さんの運転免許証に表面積と一緒に書いてあります。おっと、これは未来の話でした。質問に答えていただけなかったので、計算してみることにしましょう。

　ジョーンズさん、あなたの質量をちょうど切りのよい100kgと推定しましょう（女性の方は、ご自分の体型に合わせて数字を変えていただいて結構です）。おそらく、皆さんは水に浮かぶと考えて問題ないでしょうから、平均密度は水のそれにかなり近く [注1]、およそ1kg/L、すなわち10^3kg/m^3です。したがって、100kgの水が占める体積は、$100\text{kg} \times (1\text{m}^3/10^3\text{kg}) = 0.1\text{m}^3$となります。つまり、ジョーンズさんの体積は、約$0.1\text{m}^3$ということです。

　これとは別のやり方もあります。自分の体を、縦がl、横がw、高さがhの箱だとしてみましょう。すると体積は、$V = l \times w \times h$となります。これらの数量に何をあてはめたらいいでしょうか。縦は簡単ですね。$l = 1.8\text{m}$です。それでは、wとhはどうでしょうか。断面が長方形ということはありえないのですが、何の形かを問うて

[注1] これは間違いありません。なぜって、プールの壁の近くでは立っていますから。

いるわけではないので [注2]、平均をとって$w = 0.3$mとしましょう(頭と首、胴体、脚、足の平均をとることをお忘れなく)。h、つまり前後の寸法については、そうですね、0.15mぐらいとすることにしましょう(ジョーンズさんの胸板は厚くないのです)。したがって、彼の体積は、$1.8 \times 0.3 \times 0.15$で、約$0.1 m^3$となります。

では、自分の目を使って細胞の大きさを求めてみましょう。私たちは普通、個々の細胞を肉眼で見ることはできません。ものさしを見てみましょう。ものさしの線の幅はわずか1mm(10^{-3}m)です。大きさが1mmの10分の1(10^{-4}m)のものは、筆者にはごく簡単に見えます。でも、細胞は筆者には見えません。ということは、それよりも小さいに違いありません。顕微鏡の発明者は、その粗末な顕微鏡の1号機(倍率が10〜100倍)を使って細胞を見ました。ということは、一般的な細胞の大きさは、10^{-4}mの10〜100分の1、つまり、10^{-5}〜10^{-6}m($1 \sim 10 \mu m$(マイクロメートルあるいはミクロン))となるはずです。

別の求め方もあります。私たちは、ふつうの光学顕微鏡で細胞を見ることができます [注3]。ということは、細胞は可視光線の波長よりも大きいはずです。そうでなければ見えませんから。可視光線の波長の範囲は、青い光の約$0.4 \mu m$から赤い光の約$0.7 \mu m$まで(400〜700nm)です。したがって、細胞は$1 \mu m$よりも大きい

[注2] ここでは概数を扱っています。 [注3] 光学顕微鏡(ライトマイクロスコープ)は、電子ではなく光(ライト)を使って「見る」ものです。まだかなり重いかもしれません。

ということになります。しかし、細胞内部の大まかな様子は見えますが、それほど細かくは見えません。ということは、一般的な細胞は約100μmよりもずっと小さいに違いありません。

直径が10μm（10×10^{-6}m ＝ 1×10^{-5}m）だとして、一般的な人間の細胞の体積（V_{cell}）は、次のとおりとなります。

$$V_{cell} = 直径^3 = (10^{-5}\text{m})^3 = 10^{-15}\text{m}^3$$

さて、私たちの体の中にある細胞の数（N_{cells}）は、単純に体積比で求められます。

$$N_{cells} = \frac{V_{body}}{V_{cell}} = \frac{10^{-1}\text{m}^3}{10^{-15}\text{m}^3} = 10^{14}$$

つまり、皆さんと筆者はそれぞれ、自分の体の中に約100兆個の細胞を持っているということです。何ということでしょう！　これは、我らが銀河系の中にある星の数の約1,000倍です。さあ、数えて…　それから、ジョージ・ルーカス監督、そろそろ『セル・ウォーズ』3部作に取りかかっていただいて…。

4.2 例解

　体内の血液の量を推定するには、私たちの体の総体積に占める割合で考えてもよいし、献血する血液の何倍かで考えてもよいでしょう。まず、私たちの体積から見ていきましょう。人間の体積については、前の問題で推定してあります。約 $0.1\,\mathrm{m}^3$、すなわち 100L でした。私たちの体が水だけでできていたら、私たちの議論はもっと流れるようだったでしょう（さもなければ、水泡に帰していたでしょう）。血液は、私たちが必要とする酸素やその他の栄養素をすべて運ばなくてはならないため、血液が私たちの体に占める割合は 1% 以上のはずです。同様に、10% 未満であることもほぼ間違いありません。平均をとると、100L の約 5%、つまり 5L の血液が体にあるということになります。

　あるいは、献血可能な血液の量から推定することもできます。通常の赤十字の献血は、約 0.5L です。赤十字が危険な量の血液を献血させるはずはありませんから、この量はおそらく全供給量の 10% 程度と思われます。

　世界には 6×10^9 人の人がいます。したがって、総血液量（V）は次のようになります。

$$V = 5\,\mathrm{L}/人 \times 6 \times 10^9\,人 = 3 \times 10^{10}\,\mathrm{L}$$

$1\,\mathrm{m}^3$ は 1,000L です。ということは、$V = 3 \times 10^7\,\mathrm{m}^3$ と

なります。では、これがどれほどの量なのかを考えてみましょう。

ニューヨークのセントラルパークは約 $2\,\mathrm{km}^2$、すなわち約 $2 \times 10^6\,\mathrm{m}^2$ です。したがって、この量では、セントラルパークが次のような深さ（d）まで浸かることになります。

$$d = \frac{量}{面積} = \frac{3 \times 10^7\,\mathrm{m}^3}{2 \times 10^6\,\mathrm{m}^2} = 15\,\mathrm{m}$$

これは5階建ての建物の高さに相当します。テレビドラマで発生している殺人の件数を考えると、この血液の大半が流れ出てしまっていると考えてもよいかもしれません。

聖書にも目を向けてみるなら、ヨハネの黙示録で述べられているハルマゲドンの戦いで流された血の量と比べてもよいでしょう。14章20節にはこう書かれています。「搾り桶は都の外で踏まれた。すると、血が搾り桶から流れ出て、馬のくつわに届くほどになり、千六百スタディオンにわたって広がった」（日本聖書協会『聖書 新共同訳』より引用）。馬のくつわの高さはおよそ2mです。1スタディオンがほぼ200mなので、1,600スタディオンは300kmです。あと必要なのは幅だけです。それだけたくさんの液体なら、ことに300kmも流れ出たのであれば、広がり方もかなりのものだったことでしょう。そこで、幅を3kmとします。したがって、ハルマゲドンで

流れると予測される血液の量（$V_{Armageddon}$）は、次のとおりとなります。

$$V_{Armageddon} = 2\text{m} \times 3 \times 10^5 \text{m} \times 3 \times 10^3 \text{m} = 2 \times 10^9 \text{m}^3$$

これは、現在の人類全体の血液量の約15倍です。どうやら、もっと人が必要なようです。

4.3 例解

　ジッパーを下げて自分の皮膚を脱ぐことができたら(キプリングの『なぜなぜ物語(Just-So story)』に出てくるサイのように)、どれくらいの面積になるでしょうか。ダブルベッドのシーツの面積でしょうか。皆さんの家の庭ぐらいでしょうか。これは、実は重大な問題です。というのは、これによって、スーツ1着を作るのにどれくらい布が必要か、どれくらいの日光が体に当たるのか、スキューバダイビングをしているときに体にはどれくらいの力がかかるのか、ある薬をどれくらい飲まなくてはならないか、どれくらい汗をかけるのか、といったことが決まるからです。

　シャツやズボンをほどいてその総面積を測れば、体の面積の大半を測ることもできますが、そこまで正確にやろうとしているわけではありません。そこで、手ごろな近似法が少なくとも2つあります。人間を円柱にするものと、人間を平らなシーツにするものです。

　もちろん、私たちは、高さがhで半径がrの円筒形の生き物ではありませんが、もしそうだとすると、私たちの表面積はちょうど$A = 2\pi rh$となります。事実、私たちは単純な円筒形でないので、最終的な答えを1.5倍か2倍するとよいでしょう。では、rとhを推定しましょう。高さは簡単です。私たちの場合は2mです(えーと、端数を切り上げて2mになったことにしておきまし

ょう)。半径は1m未満で、0.1mを上回るため、0.5mと推定することにします。これにより、表面積(A)は次のとおりとなります。

$$A = 2\pi rh = 2 \times 3 \times 0.5\text{m} \times 2\text{m} = 6\text{m}^2$$

これが、先に出した0.1m^3という体積の推定と合致するかどうかをチェックしてみるとよいでしょう。円筒の体積は、その底面積(πr^2)×高さ、すなわち$V = \pi r^2 h$です。つまり、$V = 3 \times (0.5\text{m})^2 \times 2\text{m} = 1.5\text{m}^3$となります。

おっと、これでは大きすぎます。半径を0.2mに減らしてみましょう。これだと体積は0.24m^3、まだ少し大きすぎますね。また、表面積$A = 2.4\text{m}^2$です。私たちは、本当は円筒形ではないので、答えを切り上げて3m^2としましょう。

これは、中くらいの大きさのタオルとほぼ同じくらいの面積です(細かい繊維は含みませんよ!)。もちろん、私たちには曲線や角がたくさんありますから、これはほんの概算に過ぎません。最初にひげを削っておいたとしても同じです。

あるいは、私たちがシーツのように平らだとしましょう。裏と表はそれぞれ、高さが約2mで幅が0.5mなので合計2m^2となり、先ほどの推定よりも少し小さいです。それから、求め方はこのほうがずっと単純です!

体表面積(BSA:body surface area)は、医学の分野

において一部の医薬品の適量を計算するために重要なものです。自分のBSAを計算しようと思ったら、そのようなウェブサイトはたくさんあります［11］。筆者が自分のBSAを計算したら2.06m^{2}でしたので、私たちの推定は結構よかったということです（あくまでも本書に関する限りであり、もちろん医療目的ではありません）。

1m^{2}当たり10tの気圧がかかれば、20tの空気が皆さんを押していることになります。スキューバダイビングで40m潜れば、さらに1m^{2}当たり40tの水圧がかかります。つまり、あと合計80tの水が皆さんにのしかかるということです。これほどの力に耐えられるなんて、人間の体は素晴らしいですね！

4.4 例解

この問題には、3段階で答えを出していくことにしましょう。まず、頭皮の面積を、次に $1\,\mathrm{cm}^2$ 当たりの髪の毛の本数を、それから平均的な髪の毛1本の長さを推定することにします。

筆者の手のひらをいっぱいに広げると約20cmあります。筆者の頭の直径は、その手のひらを広げた長さとほぼ同じです。筆者の頭が球体であるとすると（そして、頭皮が半球形だとすると）、頭皮の面積（A_{scalp}）は次のようになります。

$$A_{scalp} = \frac{1}{2}4\pi r^2 = 6 \times (10\,\mathrm{cm})^2 = 600\,\mathrm{cm}^2$$

（あるいは、頭皮を一辺が20cmの正方形だとすると、$400\,\mathrm{cm}^2$ という答えが得られます。大差ありませんね！）

次に必要となるのは、単位面積（$1\,\mathrm{cm}^2$）当たりの髪の毛の本数です。1cmの間に生えている髪の毛の本数を数えて、それを2乗すればいいのです。1mm当たり1本から2本、すなわち1cm当たり10本から20本となります。これにより、$1\,\mathrm{cm}^2$ 当たり100〜400本ということになります。ここでは200本としましょう。このことから、ひとの頭に生えている髪の毛の総本数は、お

よそ次のとおりとなります。

$$N = 6 \times 10^2 \mathrm{cm}^2 \times 2 \times 10^2 \text{本}/\mathrm{cm}^2 = 10^5 \text{本}$$

金髪は、一般的に黒髪よりも細く密集して生えているので、答えも変わってくる可能性があります。しかし、そこまで必要以上に正確を期すことは、うさぎを2種類に分けるようなものです[注4]。

あとは、平均的な髪の毛の長さがわかればいいだけです。女性の髪の毛は、1cmのものから、100cm（1m）のものまであります。1cmと100cmの幾何平均は10cm、すなわち肩くらいの長さです。これにより、女性の頭に生えているすべての髪の毛の長さの合計は、およそ次のとおりとなります。

$$L = 10^5 \text{本} \times 10 \mathrm{cm}/\text{本} = 10^6 \mathrm{cm} = 10^4 \mathrm{m} = 10 \mathrm{km}$$

10kmです。ショートヘアーなら1kmくらい、本当に長い髪なら100kmぐらいになるでしょう。

[注4] 野ウサギ（hare）と穴ウサギ（rabbit）を区別して別々の分類にすること。

4.5 例解

　まず、牛の体積を求めなくてはなりません。牛の体重は、人の約10倍（約1t、つまり小型車の重量）です。まず間違いなく、人の体重の100倍（10t、大型トラックの重量）まではいかないでしょう。密度はほぼ同じです。ということは、牛の体積（V_{cow}）は人のそれの10倍、つまり$V_{cow} = 10 \times 0.1\text{m}^3 = 1\text{m}^3$となります。

　あとは、ソーセージやホットドッグの体積を推定すればよいだけです。πというやっかいな要素に煩わされないですむよう、四角形のホットドッグと仮定します。一般的なソーセージや「ドッグ」の厚み（t）は2cm（0.02m）です。したがって、あるホットドッグの長さをLとすると、その体積（V_{hotdog}）は次のようになります。

$$V_{hotdog} = L \times t^2$$

そして、このホットドッグの体積は、その材料である牛と同じでなくてはならないので、長さ（L）は次のようになります。

$$L = \frac{V_{cow}}{t^2} = \frac{1\text{m}^3}{(2 \times 10^{-2}\text{m})^2} = 2 \times 10^3\text{m}$$

2,000m、つまり2kmということです。うわあーっ！

注意していただきたいことは、ここでは牛のありとあらゆる部分を挽いてホットドッグにすると想定していることです。これが悪い想定であることを強く、切に望みます。

　人間から作ったホットドッグは10分の1の長さ、つまり約200mとなります。これは、サッカーのフィールドの2倍の長さです！

4.6 例解

　もっとも素晴らしいスポーツイベントであるサッカーのワールドカップ[注5]をご覧になったことがあれば、選手たち（ゴールキーパー以外）が試合時間の大半を走ったり歩いたりしていて、立ち止まっているのはごくまれ（対イングランドチームの無謀で暴力的な特定の選手が、潔白な選手に対してひどい反則をして、本来なら決まったはずの見事な決勝ゴールをくじいたときなど）であることに気がついたことと思います。選手たちが立ち止まっていることはほとんどありません。歩いているかと思えば、非常に速く走っていることもあります。

　それでは、歩く速さと走る速さを推定してみましょう。陸上競技の1,500m走の世界記録は約4分です。これを1時間当たりに直すと約24kmとなり、約7m/sとなります。あるいは、100mダッシュの世界記録は約10秒、つまり約10m/sです。歩く速さは、1〜2m/sあたりでしょう。試合時間の半分は全速力で走り、残りの半分を歩いたとすると、平均速度は$(7+1)/2 = 4$m/sとなります（正解が2m/sと8m/sの間であることは間違いないので、私たちが出した答えは正解の1/2〜2倍の範囲に収まっています！）。

　標準的な90分（1.5時間）ゲームの間に、選手たちは

[注5] 免責条項：これは著者全員の意見ではなく、もちろん編集者のそれでもありません！

毎時14km × 1.5時間＝ほぼ20km移動するということです。かなりのトレーニングですね！

4.7 例解

　第3章の問題3.10の「とんでる人たち」の問題と同様に、皆さんや筆者が何らかの行動に費やす時間の割合は、今現在それをやっている人の割合と同じです [注6]。

　なにも、皆さんが毎日どれくらいの時間、自分の鼻をほじくっているかを聞こうというのではありません。皆さんの友人がその行動に費やす時間はどれくらいだと思いますか、と聞いているのです。10秒ではおそらく短すぎるでしょうし、1,000秒、つまり15分では長すぎます。ですから、100秒（約2分）が妥協点としては悪くないでしょう。実は、子供たちがよく「だって、ママ、みんなやってるもん！」と言うのは、どうやら正しいらしいのです [注7]。

　子供たちに言ってはいけませんが、鼻粘液の摂取は、有害なバクテリアやウィルスを免疫系が認識するための訓練になっているというエビデンスがあります。

　とにかく、我々60億人はみな、1日平均2分間自分の鼻をほじくっていると推定することにしましょう（鼻が2つ以上あるような人は無視します）。1日は約$25 \times 60 = 1,500$分です。したがって、いま鼻をほじくっている人の数（N_{pick}）は、次のようになります。

[注6] もちろん、著者や本書の読者たちは一般的な人だとします。ははは。[注7] 医学講義を聞いている医師たちが映っているビデオを見ていたら、子供たちの言っていることはまったく正しいことがわかりました。

$$\frac{N_{pick}}{6 \times 10^9 \text{人}} = \frac{2 \text{分}}{1{,}500 \text{分}}$$

つまり

$$N_{pick} = 6 \times 10^9 \text{人} \times \frac{2 \text{分}}{1{,}500 \text{分}} = 10^7 \text{人}$$

ということは、今この瞬間に自分の鼻をほじくっている人は、1,000万人いるということです。うわぁー、だから政治家たちは手の除菌剤をあんなに大量に使っているんですね。彼らが握手する回数といったらすごいですからね。

4.8 例解

政治集会では、人々はかなりすし詰めの状態になっています。それでも動き回る余裕はあるので、最初の問題のようにぎゅうぎゅう詰めというわけではありません。人と人との間は60cm程度だと推定しましょう。人ひとりの幅は約30cmなので、それぞれが占有する空間は90cm×90cm、つまり1m²です。したがって、10^6人いれば、10^6m²、つまり1km²が必要となります。これは、ワシントンDCのナショナルモールや、ニューヨークのセントラルパークくらいの大きさです。さて、その人たち全員がそこにいて、インプットとアウトプットの設備、つまり、軽食と仮設トイレを提供する必要があるとします。

繰り返しになりますが、「とんでる人たち」や「鼻をほじくる」問題と同様に、筆者が何らかの活動に費やす時間の割合は、今現在それをやっている人の割合と同じです。例えば、皆さんが日中にトイレで過ごす時間はどれくらいでしょうか。身づくろいをしたり、化粧直しをしたりする時間は無視します。1分では短すぎるでしょうし、100分ではあまりに長すぎます（まさか1日中そこにいるつもり？）。そこで、10分という設定にしましょう。また、1日は15時間としましょう。なぜなら、大半の人は、眠っている間に政治集会に行くことはないからです。また、15時間を$15 \times 60 = 10^3$分と換算しま

しょう（トイレにいる時間と単位を揃えるため）。これにより、日中にトイレで過ごす時間の割合（ひいては、ある瞬間にトイレにいる人の割合）は、10^3分のうちの10分間、すなわち1％となります。

　つまり、100人ごとに1つの仮設トイレ、すなわち10^6人には合計10^4個のトイレが必要ということです。うわー、運搬だけでもかなり大変ですね。注意していただきたいのは、100人ごとに1つのトイレがある場合、筆者が自分の時間の1/100をトイレで過ごすことを考えると、集会の間はずっと、すべてのトイレが100％使用中の状態になるということです。トイレに対する需要は一般的に一定ではないため、深刻な順番待ち（長い列になること）の問題が発生するでしょう。ですから、もう少し増やしたほうがよいかも…。

　では、実際はどうでしょうか。ヴァージニア・チルドレンズ・フェスティバルでは、毎年ノーフォークのタウンポイントパークに約3,000人が集まります。設置されている仮設トイレは約40〜50個です。必要なトイレの数は、私たちの推定によると3,000/100 = 30個なので、多少余分があって待ち時間を短縮できるようです。

4.9 例解

　この問題は少し複雑です。まず、DNAの構成単位の大きさを、それから細胞内のDNAの総体積を計算する必要があります。そうすれば、それを使ってDNAの総延長を割り出すことができるというわけです。

　細胞の核の中に入っているのは、主として染色体と呼ばれる長いDNA鎖です [注8]。1つの染色体は、塩基対（はるか昔に生物の授業で聞いた記憶のある、ATGCという文字のことですね）の長い鎖でできています。塩基対1つ1つは、それ自身が非常に複雑な分子です。ということは、そのなかにたくさんの原子があるはずです。原子の数は、100個以上10^4個未満であることは間違いないので、1つの塩基対につき10^3個と推定することにしましょう。1つ1つの塩基対は、一辺が原子10個の立方体だとしましょう。原子はすべて約10^{-10}mなので、我らが塩基対の長さは10^{-9}mとなります。この長さを3乗すると、塩基対の体積（V_{bp}）が求められます。

$$V_{bp} = (10^{-9}\text{m})^3 = 10^{-27}\text{m}^3$$

　細胞の大きさは約10^{-5}mだとすでに推定してありま

[注8] これは、物理学者の細胞に関する見解であり、正確さの程度は1/2～2倍あるいは1/3～3倍以内です。より正確に知りたい場合は、親切な生物学者に聞いてみてください。

す。核は、大体その1/10、つまり10^{-6}mです。したがって、核の体積（V_n）は次のとおりとなります。

$$V_n = (10^{-6}\mathrm{m})^3 = 10^{-18}\mathrm{m}^3$$

このことから、1つ1つの核の中にある塩基対の数（N_{bp}）は、次のとおりとなります。

$$N_{bp} = \frac{V_n}{V_{bp}} = \frac{10^{-18}\mathrm{m}^3}{10^{-27}\mathrm{m}^3} = 10^9$$

つまり、塩基対が10億個です。大量の情報です。

では、そのDNAをまっすぐに伸ばしてみましょう。塩基対は、それぞれ10^{-9}mのものが10^9個あるため、細胞内のDNAの総延長は約1mとなります。生物の教科書を見ると、長さは1～3mと書いてあります［12、13］。

さて、問題4.1の推定では、私たちの体の中にある細胞の数は10^{14}個ということでした。DNA1つが1mなので、延べの長さは10^{14}mとなります。これは、地球から太陽までの距離の1,000倍、ここから冥王星までの距離の10倍、あるいは、1光年の約1％です。

この星の全人類のDNAを延ばしていくと、つなげたDNA鎖の長さは約10^8光年にもなります——隣の銀河系までの距離の約50倍です！　そうは言っても、このような対比を確認できる人は誰もいないのですが。

第5章
交通手段

　アメリカ人は、自分の車に対して愛憎の入り混じった感情を持っています。車が提供してくれる自由とプライバシーは愛しているけれども、車が原因となる交通量や公害、車が必要とする高価な燃料は憎んでいるのです。この章では、私たちがどのぐらいの距離を運転するのか、どのぐらいお金がかかるのか、どのような代替手段があるかということをみていきます。

5.1
クルマで土星の向こうまで

すべてのアメリカ人が1年間に運転する距離を合わせると、合計何kmになるでしょうか。これを地球の外周（4×10^4 km）や、月までの距離（3.8×10^5 km）までの距離と比べるとどうでしょうか。

解答は145ページへ

ヒント 1人が1年間に運転する距離はどのぐらいでしょう。

ヒント 新車保証の対象となる年間走行距離は何kmでしょう。

ヒント アメリカの人口は3×10^8人です。

5.2
ガソリンに溺れる

　一般的な自動車（乗用車、SUV、ピックアップトラック）は、その耐用期間にどのぐらいの量のガソリンを使うでしょうか。この問題で尋ねているのは、車の耐用期間に関してであって、皆さんの保有期間に関してではないことに注意してください。また、燃料の合計の重さと車の重さを比べてみてください。

解答は147ページへ

ヒント 車はその耐用期間で何km走るものなのでしょう。10^1？ 10^2？ 10^3？ 10^4？ 10^5？ 10^6？

ヒント 1Lで何km進むでしょう。

ヒント $1m^3$は10^3Lです。

ヒント 水の密度は、$1m^3$当たり1tです。

5.3
ハイウェイをゆっくりと

　ハイウェイの制限速度を時速105kmから時速90kmに下げたら、アメリカ人が運転に費やす時間は年間でどのぐらい増えるでしょうか（注：ハイウェイにおける標識の制限速度と実際の速度との間には多少関連があると仮定します）。また、人の寿命〇回分で答えを出してください。

解答は150ページへ

> **ヒント** 私たちが年間に運転する距離は合計何kmでしょう（前の問題5.1を参照）。

> **ヒント** その距離のうち、ハイウェイを走るのはどのぐらいの割合で、さらに時速105kmのハイウェイを走るのは、そのうちどのぐらいの割合でしょう。

> **ヒント** 計算を簡単にするために、時速90kmや時速105kmの代わりに、時速100kmや時速110kmを使ってください。

5.4
人力車と自動車

　ニューヨーク市にある自転車の人力車（人が漕ぐペダルのついたタクシー）と自動車とでは、燃料の相対コスト（1km当たり）はどのようになっているでしょうか。

解答は153ページへ

ヒント 自転車の人力車は、1日にどのぐらいの距離を走るでしょう。

ヒント 自転車を漕ぐ人に燃料を補給する（つまり、食べさせる）には、どのぐらいの費用がかかるでしょう。

ヒント ガソリン1Lで車はどのぐらいの距離を走るでしょう。

5.5
車の排ガス・馬の排カス

　馬車と自動車は、それぞれどのぐらいの排出物を出すでしょうか（1km当たり）。単位にkg/kmを使って答えを出してください。

解答は156ページへ

ヒント 馬が排出するものは、固形物だったり液体だったりしますが、車が排出するものは気体です。

ヒント インプットしたもの（食べ物や燃料）すべてが、アウトプット（排出物）になるとします。

ヒント 馬車は、1日どのぐらいの距離を移動するでしょう。馬は、人と比べてそう速いというわけではありません。

ヒント 馬は、どのぐらい食べたり飲んだりするでしょう。馬は、人の10倍くらいの重さがあります。

ヒント 車は、ガソリン1Lでどのぐらいの距離を移動するでしょう。

5.6
タイヤの跡

　車がどのぐらい走ると、タイヤのゴム層は分子1つ分磨り減るでしょうか。

解答は158ページへ

ヒント タイヤの寿命はどのぐらいでしょう（km単位で）。

ヒント 新しいタイヤのトレッドの厚みはどのぐらいでしょう。タイヤの寿命の間に磨り減ってなくなるのは、そのうちどのぐらいでしょう。

ヒント ゴム分子の大きさは、わずか10分の数nm（ナノメートル。1nmは10^{-9}m）です。

5.7 車のために働く

　皆さんは、自分の車のおかげで、ほんの数時間のうちに何kmも移動することができます。しかし、運転に費やす時間だけでなく、運転していない時間もそれ以上に費やさなくてはなりません。自分の車の経費（例：減価償却費、保険、燃料）を稼ぐのにかかる時間です。この余分な時間が、実は、皆さんの車の平均走行速度を落としているのです。例えば、皆さんが1時間かけて100km走り、次にもう1時間かけて運転の経費を稼ぐとすると、平均速度は、時速100kmではなく時速50kmとなります。

　車の経費を稼ぐための労働に費やすすべての時間と、車の運転に費やすすべての時間とを合わせると、皆さんの車の平均走行速度はどのぐらいになるでしょうか。

解答は160ページへ

ヒント 車の耐用期間にかかる費用は、全部でいくらになるでしょう。足しこむのは、購入価格、保険、修理、ガソリン、メンテナンス、駐車場などです。あるいは、IRS（米国内国歳入庁）のマイレージ払い戻しレートを利用してもよいでしょう。これにはこれらの費用がすべて含まれているからです。

ヒント 車の耐用期間に、皆さんはどのぐらいの距離を走らせるのでしょう。

ヒント その距離をすべて走行するには、何時間かかるでしょう。

ヒント 平均的なアメリカ人の賃金はどのぐらいでしょう（なお、年間労働時間は2,000時間［50週/年×40時間/週］なので、年間所得$40,000は時給$20ということになります）。

第5章 交通手段　145

5.1 例解

　この問題の答えを出すために必要なのは、(1)アメリカ人1人当たりの走行距離と、(2)車を運転するアメリカ人の人数です。平均走行距離を推定する方法はたくさんあります。検索して調べることもできますが、それは本書の精神に反しますし、それだけではなく、そうするためには立ち上がってパソコンのところまで歩いていかなくてはなりません。皆さん自身の通常の年間走行距離を使ってもよいでしょう（おそらく、全国平均の1/2〜2倍以内に入っているはずです）。あるいは、新車保証を見てみるのもよいでしょう。メーカーは、3年間/60,000km、あるいは10年間/200,000km保証を謳っています。ここからわかることは、車1台の年間走行距離は約20,000kmだということです。

　ここで必要となるのが車の台数です。アメリカ人の人口は 3×10^8 人です。そのうちほとんどの人が車の運転をします。車の台数は、1人当たり1台未満、また、4人に1台以上はあるので、ここでは2人に1台と推定することにします [注1]。したがって、アメリカ人全員の総走行km（d）は、次のとおりとなります。

$$d = \frac{2 \times 10^4 \text{km}}{1 \text{台}} \times 3 \times 10^8 \text{人} \times \frac{1 \text{台}}{2 \text{人}} = 3 \times 10^{12} \text{km}$$

[注1] 2000年には、アメリカの1世帯当たり平均2.6人で車1.3台でした [14]。

これは、3兆kmです。うわぁ！　これは、地球を10^8周できたり、月まで400万（4×10^6）往復できたり、冥王星まで2,000往復できたりするほどの距離です。地球が太陽を回る軌道であれば、3,000年回り続ける距離です。3×10^8m/sの速さの光では、1/3年かかる距離です[注2]。

いやぁ、角の店がそんなに遠いなんて知らなかった！

[注2] つまり、アメリカ人の合計移動速度は、光の速度の1/3だということです。

5.2 例解

　最初に、車がその耐用期間で合計何km走るのかを推定しましょう。皆さんの車のオドメーターは、6桁のものが一般的でしょう。これは、メーカー側が少なくとも100,000（10^5）kmは大丈夫だと想定していることを示します。しかし、200,000（2×10^5）kmを優に超えるような車はほとんどありません[注3]。そこで、マイル表記で切りのよい100,000マイル、つまり160,000kmとしてみましょう（1950年代や1960年代製の車はそれほどもたなかったため、ほとんどのオドメーターは5桁しかありません）。

　次に、燃費を推定してみましょう。方法はいくつかあります。細部にまでこだわって、ガソリンを満タンにするたびに燃費を計算してもよいでしょう。新車の広告や『コンシューマー・レポート』に載っている燃費に注目してもよいでしょう。あるいは、前回満タンにしてから次に給油するまでに走った距離と、入れたガソリンの量から推定してもよいでしょう。大半の車は、満タンにしてから次に給油するまで約500km走ります。ガソリンを満タンにするのに40L入れなくてはいけないとすると、燃費は次のとおりとなります。

[注3] 私は、自分の前の車を月に到達するまで乗るつもりでいましたが、目標としていた380,000kmに達せず、360,000kmで廃車にしなくてはなりませんでした（著者のローレンス・ワインシュタイン曰く）。

$$\frac{500\mathrm{km}}{40\mathrm{L}} = 12.5\,\mathrm{km/L}$$

ほとんどの車で4〜16km/Lなので、ここでは8km/Lを使うことにしましょう[注4]。

さて、これで答えを出せるようになりました。使用総量(V_{gas})は、総走行距離を燃費（km/L）で割ったものと等しいので、次のようになります。

$$V_{gas} = \frac{1.6 \times 10^5 \mathrm{km}}{8\mathrm{km/L}} = 2 \times 10^4 \mathrm{L}$$

今度は体積に換算しなくてはなりません。1m³には1,000L入るので、ガソリンの量は20m³に等しいことがわかります。

さて、次にこれがどれくらい多いのかをみてみましょう。20m³という体積は、深さが1mで、横が4m、縦が5mと考えることができます。これは、皆さんの車よりもずっと大きいです。小さな屋外プールならこれで十分満水にできます！

密度を1t/m³とすると、皆さんの車はそのライフタイムに約20tの燃料を燃やすことになります。これは、車そのものの重さの10倍です！　プリウスなど、燃費

[注4] こうすれば、ほぼどの車についても正解の1/2〜2倍以内に入るでしょう。

が20km/Lの車を運転したとしても、それでも8tの燃料を燃やすことになるのです。

　皆さんの車は、1.6×10^5km以上乗れるかもしれません。皆さんの車の燃費もかなり違います。それでも、答えは1/10〜10倍以内に十分入るはずです。皆さんの車が燃やす燃料は、車そのものの重さをはるかに上回ることになるでしょう。

5.3 例解

ここで推定する必要があるのは、時速105kmのハイウェイでの運転に費やしている時間です。このためには、まず、時速105kmのハイウェイでの走行距離を推定する必要があります。

前の問題5.1の答えから、私たちの年間走行距離は 3×10^{12}（つまり3兆）kmだということがわかっています。その約半分がハイウェイでの走行です。都市ハイウェイには時速105kmというような速度制限はありません（いかにも、サンタモニカ・フリーウェイやニューヨークのウェストサイド・ハイウェイをかなりの高速で走れると言わんばかり）。そこで、時速105km道路の走行は、ハイウェイ走行の半分程度しかないものと推定しましょう。したがって、時速105km道路の走行距離（d_{105km}）は、次のとおりとなります。

$$d_{105km} = 3 \times 10^{12} \mathrm{km} \times \frac{1}{2} \times \frac{1}{2} = 8 \times 10^{11} \mathrm{km}$$

次に求めなくてはならないのは、(1) 制限速度時速105kmで運転した場合の所要時間と、(2) 制限速度時速90kmで運転した場合の所要時間と、(3) その差、です。時速105kmや時速90kmの代わりに、ここでは時速110kmや時速100kmを使いましょう。これには2つ

の理由があります。1つ目は、大半の車が少なくともいくらかは制限速度を超えているから、2つ目は、切りのよい数字のほうがずっとラクに計算できるからです。

時速110kmの場合、所要時間（t_{105km}）は次のとおりとなります。

$$t_{105km} = \frac{8 \times 10^{11} \mathrm{km}}{110 \mathrm{km/時}} = 7 \times 10^9 \text{時間}$$

制限速度が時速90kmに下がって、人々が時速95kmで走行した場合の所要時間（t_{90km}）は次のとおりとなります。

$$t_{90km} = \frac{8 \times 10^{11} \mathrm{km}}{100 \mathrm{km/時}} = 8 \times 10^9 \text{時間}$$

したがって、余分にかかる時間（t_{extra}）は次のとおりとなります。

$$t_{extra} = t_{90km} - t_{105km} = 8 \times 10^9 \text{時間} - 7 \times 10^9 \text{時間} = 10^9 \text{時間}$$

あと10億時間ハンドルを握るということです。ひゃあ～！

1年間はたったの$24 \times 365 \approx 10^4$時間です。あと$10^9$時間ということは、つまり、あと$10^5$年ということです。

1回の人生が100年としたら、あと1,000回分です。

なんてこった！　サメ、雷、間接喫煙、砒素の入った飲料水などで失う人生よりはるかに長いのです。

　もちろん、1人の人間がその全人生を失うのか、それとも、何百万ものひとがそれぞれ数時間ずつ失うのかでは、雲泥の差があります（結局のところ、10^9時間をアメリカ人 3×10^8 人で割ると、1人当たりたったの3時間になります）。

　言っておきますが、速度制限を落とすことで何人の命が救われるかを尋ねているのではありません。交通事故死は、実際の運転速度、ドライバー同士の運転速度の違い、その他多くの要因によるものであるため、死亡者数の変化を予測することはきわめて困難です。全国的な時速90km制限が撤廃されたときも、高い死亡率に明らかな変化は見られず、さまざまな回帰調査が行われてさまざまな結論が出されています。その中には、制限速度を上げることによって命が救われた、とするものもあります。

5.4 例解

まず、自動車から考えてみましょう。皆さんの車が1Lで8km走り、1Lが1ドルとすると、費用は次のとおりとなります。

$$\frac{\$1.00/L}{8km/L} = \$0.10/km$$

車って安く走れるものなんですね！

では次に、人間の場合の1km当たりの費用を求めてみましょう。そのためには、費用と距離を推定する必要があります。客を乗せたときの自転車の速度は、時速8km（とてもゆっくり）～20km（速い）の間です。したがって、1日8時間の場合、人力車が移動できる距離は60～160kmとなります。ずっと動き続けているわけではないので、少ないほうの60kmを使いましょう。また、ベテランの引き手の場合、その能力を考慮に入れてもよいでしょう。ベテランは、1日に160kmの距離を移動できます。そうはいっても、客を引いてニューヨークの往来を縫って走れば、ペースが80km（またはそれ以下）に落ちるのは確実でしょう。

これだけ厳しい仕事であれば、消費するカロリーも大量のはずです [注5]。食費の推定には、いくつかの方法

[注5] 第5章では、食物をエネルギー源としてみていきます。

があります。必要経費の1日当たりの金額から推定する方法、年収の割合から推定する方法、ファストフードの価格から推定する方法などです。では、何がわかるのか見ていきましょう。

1日当たりの必要経費は約40ドルです。これは、食費としては高すぎると言って差し支えないでしょう。なぜなら、これはそもそも、「良」から「優」クラスのレストランで1日に3回食事をするような、実業家たちを対象とするような額だからです。西ヨーロッパやアメリカにおける1人当たりの所得は、年間30,000〜40,000ドル、つまり1日約100ドルです。私たちの食費は、収入の5%よりも多く、半分よりもずっと少ないので、収入の10〜20%、すなわち1日に10〜20ドルを食費に充てていると推定することにしましょう。ファストフード店で1日に3回食事を済ませても、1日当たり約10〜20ドルかかります [注6]。したがって、人力車の漕ぎ手にかかる燃料費は、次のとおりとなります。

$$\frac{\$15/日}{60km/日} = \$0.25/km$$

つまり、人力車の燃料にかかる費用は、車の2〜3倍程度ということです。1km当たりの消費エネルギー

[注6] ニューヨーク市の人力車に関する話なので、西洋型の食事と食費を前提としましょう。

は車のほうが多いのですが、ガソリンは食べ物に比べてずっと安価なエネルギー源なのです。

　なお、自動車の燃料費は、もっぱら移動距離によって決まります（つまり、距離が倍になれば、燃料費も倍になるということ）が、人力車の漕ぎ手にかかる燃料費には、基礎代謝のためだけの1日2,000カロリーが含まれていることにもご注意ください。

5.5 例解

　最初に、馬が1日にどのぐらい馬車を引っ張っていけるのかを推定し、次に、その間に馬がどのぐらいの食べ物と飲み物を消費するかを推定しなくてはなりません。ただし、馬の体重は増えることも減ることもなく、したがって、馬の飼料と飲み物は、同じ質量の排出物に換わるものとします。

　平均的な馬は、平均的な馬車を1日にどれくらい引いて行くことができるでしょうか。馬には約8時間働いてもらうのですから、その間に全速力や、駆け足や、速足をさせることはほとんどありません。ですから、馬が歩くときの平均的な速度からみていきましょう。馬が歩く速度は、人間（時速約5～6km、すなわち秒速約2m）よりももちろん速いのですが、はるかに速いというわけではありません。そこで、時速8～16kmの範囲となります。8時間では、移動できる距離が64～128kmとなるため、100kmとしましょう。

　では、飼料の消費量はどうやって求めればよいでしょうか。消費される飼料の量そのものを直に推定してもよいし、まず人間の場合で考え、次にそれを何倍かするのもよいでしょう。馬が食べる穀類の量は、1Lよりも多く、100Lよりも少ないはずです。そこで、幾何平均をとって、10Lと推定しましょう。その質量は約10kgですから [注7]、生じる排出物も10kgとなりま

す。同様に、馬が飲む量は1Lより多いけれども100Lもないため、約10L（やはり10kg）と推定することにしましょう。

今度は、まず人間の場合で考え、次にそれを何倍かしてみましょう。私たちは、1日に1〜1.5kgの食物と、1〜2Lの水分を摂ります。馬は私たちのおよそ10倍ある（体積でも質量でも）ため、消費する量もおそらく私たちのおよそ10倍と思われます。これにより、消費量は、先ほどとほぼ同じ推定となります。

したがって、100kmの移動の間に馬が出す液体および固形排出物は、それぞれ約10kgとなります。つまり、総排出物量は、約0.2kg/kmとなります。

自動車は、8km/Lだとし、1Lの質量は約1kgです。したがって、車が出す排出物は、0.1kg/kmとなります。

1km当たりの排出物の量は、車も馬もほぼ同じなのです[注8]。問題は、車が排出するものは空中に吹き飛んでいく（そして、大半が二酸化炭素と水である）のに対し、馬が排出するものは、いつまでもそこに残ってしまうということです。何百万の車の代わりに何百万の馬がいたら、ニューヨークはどうなるでしょうか。いや、考えないほうがよさそうです。

[注7] 有機物というものの密度は、割と水に近いのです。水の密度は$1g/cm^3$、すなわち1kg/L、すなわち$1t/m^3$です。[注8] さらに、両者ともに出すものは植物の栄養になります！　車は二酸化炭素を出し、馬は肥料を出すのですから。

5.6 例解

まず、タイヤの寿命をkm単位で求める必要があります。例のごとく、それにはいくつか方法があります。タイヤの寿命を年で推定し、年間20,000kmと仮定してみましょう。タイヤの耐用年数は1年以上10年未満なので、3〜5年と推定するのが妥当でしょう。あるいは、タイヤの広告でタイヤの寿命をどう謳っているかを調べたり、皆さんが前回購入したタイヤ1セットの寿命を思い出したりするのもよいでしょう。タイヤは通常、50,000〜100,000km走れます。トレッドは一般的に、約1cmとなっています。

ということは、トレッドの1cmは、約5×10^4kmで磨り減るということになります。でも、私たちが知りたいのは、トレッドのうち、分子1つ分、つまり5×10^{-10}mの厚さが磨り減るのにどれくらいかかるか、ということです。そこで、その距離 (d) は次のように求めることができます。

$$d = \frac{5 \times 10^4 \text{km}}{1 \text{cm}} \times \frac{100 \text{cm}}{1 \text{m}} \times 5 \times 10^{-10} \text{m}$$

$$= 3 \times 10^{-3} \text{km} = 3 \text{m}$$

さて今度は、この計算結果の意味を理解しなくてはなりません。3mといえば、タイヤが1回転か2回転する程

度です。したがって、皆さんのタイヤが1回転するごとに、分子1つ分の厚さのゴムが磨り減るということになります。

5.7 例解

　求めなくてはならないのは、車の経費を賄うために仕事に費やしている時間と、車の運転に費やしている時間です。さあ、アクセルを思い切り踏み込んで、最初から考えてみましょう。

　労働時間を求めるには、まず、車の耐用期間にかかるコストを推定する必要があります。車のコストを推定する方法は、少なくとも2つあります。2006年のIRS（米国内国歳入庁）のマイレージ払い戻しレート、1マイル当たり$0.445を使うという方法がその1つです。これならとても簡単です（例のごとく、$0.30〜0.60のあいだの数字が妥当でしょう）。あるいは、車のコストを足し合わせて求めるという方法もあります。では、やってみましょう。

　普通の新車を買いましょう。ハマーでも、ジャガーでも、ミニでもありません。それから、その車が古くなるまで、そう、10年くらいは買い換えないでおきましょう。その10年の間にはいろいろとお金がかかります。車本体、保険、ガソリン、修理、ファジーダイス〔50〜60年代にアメリカで流行った、車のバックミラーにぶら下げるさいころ型のアクセサリー〕、駐車場などです。

　2006年にアメリカで最も売れた車は、フォードのF-150ピックアップトラックで、最も売れた乗用車は、トヨタのカムリでした。どちらの車も、価格は$20,000

～25,000の間（オプションや値段交渉による）です。

保険は年間約\$1,000、つまり10年で\$10,000です。ブロンクスでスピード違反切符を3回切られていて、DUI〔飲酒および麻薬影響下の違反運転〕が1回ある18歳の男性ドライバーがコルベットを運転している場合、保険はずっと高くなります。運転歴にキズのないオレゴン州の45歳の女性であれば、かなり安くなるでしょう。

修理は、平均して年間\$1,000くらいでしょう。修理の費用は、最初の数年間はかなり安めで、最後の数年間はかなり高くなるでしょう。

10年間で、運転距離は約200,000km（つまり、地球を約5周分）になります。カムリの場合、燃費が8km/Lなので、200,000/8 = 25,000Lのガソリンを燃やすことになります。1L当たり\$0.8とすると、費用は\$20,000となります。カムリとF-150との燃費の差は、ガソリン代にしてほんの数千ドル程度にしかならないので、本書では気にするほどのものではありません。

マンハッタン（カンザス州ではなく、ニューヨーク州）在住であれば、駐車場代の年間\$3,000を加算してもよいでしょう。これは個人で判断すればよいことです。ほとんどの人は気にしなくてよいでしょう。

したがって、10年間で 2×10^5 kmの運転にかかる費用の総額は、次のとおりとなります（有効数字1桁まで）。

品目	費用($)
車両価格	20,000
保険	10,000
修理	10,000
ガソリン	20,000
ファジーダイス	5
合計	60,000

1マイル当たり約$0.50というIRSマイレージの数字を使うと、やはり200,000km（120,000マイル）で総額$60,000となります。

ここで注目すべきことは、車の総コスト（耐用期間にわたる）が購入価格の3倍であることです。

次に求めなくてはならないのは、(1) 200,000km運転するために費やす時間と、(2) $60,000を稼ぐために費やす時間です。

ほとんどの人は通常、ハイウェイ（時速90～105km）と一般道（時速40～70kmで、さらに信号と一時停止の標識あり）の両方を利用します。そこで、ハイウェイと一般道（つまり、モンタナ州とニューヨーク市）とを平均すると、平均速度は時速50～65kmとなります。つまり、200,000km移動するためにハンドルを握っている時間の合計（t_{drive}）は、次のとおりとなります。

$$t_{drive} = \frac{2 \times 10^5 \text{km}}{65 \text{km/時}} = 3,000 \text{時間}$$

平均時速を50kmとすると、4,000時間かかることになります。

アメリカにおける国民1人当たりの所得は、年間\$40,000です。もちろん、私たちは四六時中働き続けているわけではありません（そう思えるだけです）。そこで、1年間の労働時間（t_{work}）を求めてみましょう。

$$t_{work} = 40 \text{時間/週} \times 50 \text{週/年} = 2,000 \text{時間/年}$$

\$40,000を稼ぐのに2,000時間かかるわけですから、平均すると時給\$20です[注9]。1時間当たり\$20であれば、車の費用を得るためにかかる時間（t_{earn}）は次のとおりとなります。

$$t_{earn} = \frac{\$60,000}{\$20/\text{時間}} = 3,000 \text{時間}$$

なんと！　私たちは、車に乗っている時間とほぼ同じ時間を費やして働き、車の経費を払っているのです。こんなこと、誰が想像していたでしょうか。

これでようやく平均走行速度を計算できるようになり

[注9] 税金は計算していません。

ました。私たちが運転に捧げている（そして、自分の車に尽くしている）時間の合計は、運転している3,000時間にお金を稼いでいる3,000時間を合わせたもの、つまり6,000時間です。したがって、自動車の平均速度は、次のとおりとなります。

$$s = \frac{200,000\text{km}}{6,000 \text{ 時間}} = 30\text{km}/\text{時}$$

これでもまだ、駐車場探しや、整備士待ちに費やしている時間は計算に入っていません。

第6章
エネルギーと仕事

6.1　高さのエネルギー

引力なんかくそくらえ！　皆さんが何かを落としたら、それは下に落ちますよね。地球表面における重力加速度は、$g = 10 \text{m/s}^2$です[注1]。落下している物体は、その落下速度を1秒ごとに10m/s（時速36km）ずつ増す、という意味です。皆さんが5秒間落下したら、50m/s、つまり時速180kmで地面にぶつかります。痛い！

gはまた、地球表面において質量が1kgの物体にかかる重力（ニュートン〔N〕という単位で測定）でもあります。したがって、1kgのブロックの地球上における重力（つまり、重さ）は10Nとなります（月ではもっと小さく、木星の表面ではもっと大きくなります）。一般的に、物体にかかる重量は$F = m \times g$で表されます。このときのmは、質量（kg）[注2]です。

地球の引力という力に逆らって物体を持ち上げるには、仕事が必要となります。このために必要なエネルギーを、位置エネルギー（PE）といいます。

$$PE = m \times g \times h$$

この式のhは、高さ（m）です。エネルギーの単位はジュールで、Jと略記します。

[注1] 正確に言えば（本書はそういう本ではないのですが）、gは緯度によって$9.78 \sim 9.83 \text{m/s}^2$の範囲で変わります。[注2] 質量と重量は混同しがちです。物体の質量はどこでも同じですが、それを持ち上げるのに必要なエネルギーは、地球上の重力によって変わります。ますます混乱するかもしれませんが、米慣習単位のポンドは、重量を表すこともあれば質量を表すこともあります。

6.1.1
山登り

　中くらいの山に登ると、皆さんの位置エネルギーはどのぐらい変わるでしょうか。缶ジュース1本分の 6×10^5 J と比べるとどうでしょうか。

解答は189ページへ

ヒント 体重を、おおざっぱに100kgと考えてみましょう。

ヒント 地球で最も高いエベレストは、10^4mです。

6.1.2
アルプス山脈を平らにする

ロッキー山脈やアルプス山脈を平らにすることによって、どのぐらいのエネルギーが得られる（つまり、山脈には、どのぐらいの位置エネルギーが蓄えられている）でしょうか。

解答は191ページへ

- **ヒント** アルプス山脈やロッキー山脈の平均的な高さはどのぐらいでしょう。

- **ヒント** 山脈の長さはどのぐらいで、幅はどのぐらいでしょう。

- **ヒント** 岩の平均密度はどのぐらいでしょう。

- **ヒント** 岩の平均密度は、水（1 t/m^3）よりも高く、鉄（10 t/m^3）よりも低いです。

6.1.3
建物を高くする

100階建ての建物は、どのぐらいの位置エネルギーを持っているのでしょうか。

解答は194ページへ

| ヒント | 建物の高さはどのぐらいでしょうか。

| ヒント | 1階分の高さはどのぐらいでしょうか。

| ヒント | 建物の縦と横の大きさはどのぐらいでしょうか。

| ヒント | 建物はほとんど鋼鉄でできています(密度＝ $10 t/m^3$)。

| ヒント | 鉄骨構造になっているのは、建物の体積の何割でしょうか。

6.2 運動エネルギー

物体にその速度を変えさせる（例えば、時速0kmから100kmへ）には、仕事が必要です。物体の運動エネルギー（KE）は、次のように表されます（単位：J）。

$$KE = \frac{1}{2}mv^2$$

ここで、mはkgを単位とする質量で、vはm/sを単位とする速度です [注3]。

水風船を建物から落とすと、大量の位置エネルギー（PE）を持った状態で落下を始め、落下につれてPEをKEに変換していき、そして下にぶつかったときに、KEを大きな水しぶきに変換します。

[注3] 厳密に言うと、速度（velocity）は大きさと向きをあわせ持っていますが、速さ（speed）には大きさしかありません。本書では運動エネルギーの計算でのみこれらを使いますが、そのときに方向は関係ないので、ここではこの2つの用語を同じ意味のものとして使います。

6.2.1
サービス

テニスのサーブボールの運動エネルギーをJ（ジュール）で表すと、どのぐらいでしょうか。

解答は197ページへ

ヒント テニスボールの重さはどのぐらいでしょう。

ヒント テニスボールがいくつあると1kgの重さになるでしょう。1個、それとも10個、それとも100個でしょうか。

ヒント テニスのサーブボールのスピードはどのぐらいでしょう。時速1km、それとも時速10km、それとも時速100kmでしょうか。

6.2.2 運動学的トラック輸送

制限速度でハイウェイを走っている大型トラックの運動エネルギーを、J（ジュール）で表すとどのぐらいでしょうか。

解答は199ページへ

| ヒント | トラックのスピードはどのぐらいでしょう。 |

| ヒント | 時速3kmは1m/sに相当することを覚えておきましょう。 |

| ヒント | トラックの質量はどのぐらいでしょう。 |

| ヒント | 小型車の質量は約1tです。 |

6.2.3
大陸のレース

　大陸移動の運動エネルギーはどのぐらいでしょうか（地球の自転やその他の動きは無視するものとします。ここで知りたいのは、地球のほかの部分に対する大陸の動きのことだけなのです）。

解答は201ページへ

> **ヒント** 大陸の体積はどのぐらいでしょう。

> **ヒント** 地球の外周は 4×10^4 km です。

> **ヒント** 大陸の厚さはほんの50km程度です。

> **ヒント** 大陸の速さはどのぐらいでしょう。

> **ヒント** 北米がヨーロッパから離れて大西洋が形成されるまで 10^8 年かかりました。

> **ヒント** 大西洋の横幅は、最も広いところで5,000kmあります。

> **ヒント** 1年 $= \pi \times 10^7$ 秒

> **ヒント** 岩の密度は、水 (10^3 kg/m^3) よりは高く、鉄 (10^4 kg/m^3) ほどはありません。

6.2.4
「勇敢に航海し…」

　乗員が老衰で亡くなる前に、宇宙船が地球からアルファケンタウリ（最も近い星。約4光年のかなた）まで到達するには、どのぐらいのエネルギーが必要で、何tの燃料が必要でしょうか（4×10^9 J/t のTNTまたはロケット燃料とします）。

解答は204ページへ

ヒント どのぐらいの大きさの船にしたいと思いますか。

ヒント 空母は10^5tです。

ヒント 光のスピードは$c = 3 \times 10^8$m/sです。1光年とは、光が1年(つまり、$\pi \times 10^7$秒)で届く距離のことです。

ヒント 宇宙船にはどのぐらいの速度が必要でしょう。

ヒント 光がアルファケンタウリまで4年で旅をするとしたら、乗員が生存中に船がそこに到達するには、光速の何割くらいが必要となるでしょう。

ヒント その速度のとき、宇宙船の運動エネルギーはどのぐらいあるでしょう。

6.3 仕事

「仕事」は、ただの一般名称ではありません。物理学では、何かを押して（力を加えて）それを動かすことにより、エネルギーを移動することを意味します。フットボール（球形のものであれ、非球形のものであれ）を蹴るとき、ある距離にわたってボールに力を加えることになります。拳銃から弾を発射すると、銃身の中の発射ガスはある距離にわたって弾に力を加えます。車のブレーキをかけると、ある距離にわたって地面が車に力をかけます。

この力によって移動されたエネルギー（W）は、次のように表します。

$$W = F \times d$$

ここで、FはN（ニュートン）を単位とする力（10Nは1kgに対する重力で、10^4Nは1tに対する重力［地球上の場合］）で、dは力が加えられた距離（単位：m）のことです。このとき、力の方向と移動の方向とが同じ（または逆）でなくてはならないことに注意してください。

皆さんが物体の移動する方向と同じ方向に押すと、そのエネルギーとスピードを増大させます（例：サッカーボールを蹴る）。逆方向に押すと、その物体のエネルギーとスピードを減少させます[注4]（例：ブレーキをか

ける)。したがって、

　仕事＝運動エネルギーの変化

となります。

[注4] 横向きに（物体の動きに対して直角に）押す場合は、仕事をしたことになりません。物体の向きは変わるけれども、そのエネルギーやスピードは変わらないからです（例：地球が月を引っぱる力）。

6.3.1
クラッシュ！

　本書の調査研究のため、著者の一人ジョン・A・アダムが、自分の車をハイウェイの走行スピードで硬いフェンスに衝突させることを申し出ています。彼が停止したとき、その体にかかる力はどのぐらいでしょうか（ジョンはシートベルトを締め、エアバッグも正常に開くとします）。

解答は207ページへ

ヒント 推定する必要があるのは、衝突の間におけるジョンの運動エネルギーの変化と彼の移動距離です。

ヒント 衝突前のジョンの運動エネルギーはどのぐらいでしょう。

ヒント 彼の質量とスピードを推定してください。

ヒント シートベルトとエアバッグで彼をシートにしっかりと固定し、彼と車の減速の度合いが同じになるようにします。

ヒント ここでいう移動距離とは、衝突の間に彼の車の前部がつぶれる量のことです。

ヒント 車は約 0.5m つぶれます。

6.3.2 スパイダーマンと地下鉄の車両

　映画『スパイダーマン2』では、ニューヨークで6両編成の電車が暴走したときに、スパイダーマンが周囲の建物に向かって自分の糸を繰り出し、その糸を10～20ブロックほど死に物狂いで引っ張って電車を押しとどめます。電車を止めるために、彼はどのぐらいの力をかけなくてはならないのでしょうか。単位にNとtを使って答えを出してください（重量としては$1t = 10^4 N$）。これを皆さんの出せる力と比較するとどうでしょうか。

解答は210ページへ

| ヒント | 通常のスピードの場合、電車の運動エネルギーはどのぐらいでしょう。 |

| ヒント | その質量と速度はどのぐらいでしょう。 |

| ヒント | 電車を止めるには、どのぐらいの仕事が必要でしょう（仕事＝運動エネルギーの変化、すなわち $W = \Delta \mathrm{KE}$ であることを思い出してください）。 |

| ヒント | 停止距離は約 1 km です。 |

6.1.1 例解

位置エネルギーは$PE = m \times g \times h$なので、推定する必要があるものは、自分たちの質量（m）と、重力加速度（g）と、山の高さ（h）です。場所は、$g = 10\text{m/s}^2$の地球上とします。

人間（少なくとも山に登る可能性のある人たち）の体重は50〜100kgで、つまり、私たちの質量は50〜100kgということになります。例によって、ここでは100kgとしましょう。丸まった数字[注5]なので、計算が簡単になるからです。

中くらいの山といえば、建物よりは高く、エベレストよりは低いでしょう。最も高い建物だと、100階建て程度で、1つの階が3mぐらいなので、約300mとなります。したがって、中くらいの山の高さとは、$3 \times 10^2\text{m}$〜$1 \times 10^4\text{m}$の間ということになります。そこで、係数の平均をとり（3と1の平均は2）、指数の平均をとると（2と4の平均は3）、$h = 2 \times 10^3\text{m}$という高さが求められます。これは、アメリカ東海岸で最も高い山の高さと同じです。もし、皆さんがもっと低い山や高い山を選んでいても問題ありません。

これで、その山に登ったときの位置エネルギーの変化を計算できるようになりました。

[注5] 筆者の質量が100kgだったら、私も丸いといえるでしょう。

$$\text{PE} = m \times g \times h = 100\text{kg} \times 10\text{m/s}^2 \times 2 \times 10^3\text{m} = 2 \times 10^6\text{J}$$

なんと、200万Jです！　1Jは大きいのでしょうか、小さいのでしょうか。このエネルギーは「多い」のでしょうか。

それを判断するには、ほかのエネルギーの値と比べてみなければなりません。300mL入りの缶ジュースには、6×10^5Jの食物エネルギーが含まれています[注6]。そこで、その山に登ることによって私たちが得る位置エネルギーが、その缶ジュース何本分の食物エネルギー（N_{sodas}）に相当するかを計算してみましょう。

$$N_{sodas} = \frac{2 \times 10^6 \text{J}}{6 \times 10^5 \text{J/本}} = 3\text{本}$$

大したことありませんね！　2,000mの山に登る労力にはまったく見合いません！

[注6] アメリカや日本では、ジュースのエネルギー含有量をカロリーで表示しています。これについては次の第7章で扱います。ヨーロッパなどでは、直接Jで表示しています。

第6章 エネルギーと仕事

6.1.2 例解

　推定しなくてはならないのは、アルプス山脈やロッキー山脈の平均的な高さとその総質量です。質量を求めるには、体積と密度を推定する必要があります。そこで、体積を求めるために、まず平均的な長さと幅と高さを推定しましょう。どちらの山脈にしろ、最も高い山は約6000mなので、峰と谷をすべて含めた平均的な高さはこの半分弱、つまり 2×10^3 m と推定することにします[注7]。

　アルプス山脈は、東西の長さが約 10^3（1,000）km（10^2km よりも長く、10^4km よりも短いことは確かですから）、南北は約200kmに及びます。次に、これらの距離をmに換算しなくてはなりません。1km = 10^3m なので、10^3km = 10^6m であり、2×10^2km = 2×10^5m となります。したがって、アルプス山脈の体積（V_{Alps}）は、次のように求められます。

$$V_{Alps} = l \times w \times h = 10^6 \text{m} \times 2 \times 10^5 \text{m} \times 2 \times 10^3 \text{m} = 4 \times 10^{14} \text{m}^3$$

　ロッキー山脈は、アメリカ南部からカナダ北部まで延びているので、これよりもずっと長く、5×10^3km で

[注7] アルプス山脈の地形模型を見ると、アルプスの大半が実際には1500m程度の高さしかないことがわかります。したがって、大ざっぱに出した推定もそう悪くはないようです。

す。そのため、体積は5倍増えて、$4 \times 10^{14} m^3$ から $2 \times 10^{15} m^3$ となります。

次に、体積を質量に変換するために密度を推定しましょう。山は岩でできています。岩は沈みます。ですから、水（$1 t/m^3$）よりも高密度です。また、鉄（$10 t/m^3$）よりは低密度です。そこで、密度については $d = 3 t/m^3$、すなわち $3 \times 10^3 kg/m^3$ としましょう。このことから、総質量（M_{Alps}）は次のとおりとなります。

$$M_{Alps} = V \times d = 4 \times 10^{14} m^3 \times 3 \times 10^3 kg/m^3 = 1 \times 10^{18} kg$$

さらに、ロッキー山脈はこの5倍です。そうなると、かなりの質量です。

これでようやく位置エネルギーを計算できるようになりました。ここで注意しなくてはならないのは、山脈の高さの平均が $2 \times 10^3 m$ ですが、質量は、海水面から平均高度まで存在していることです。そのため、位置エネルギー（PE_{Alps}）の計算には、その平均高度の半分を使う必要があります[注8]。

$$\begin{aligned} PE_{Alps} &= m \times g \times h \\ &= 1 \times 10^{18} kg \times 10 m/s^2 \times 1 \times 10^3 m \\ &= 1 \times 10^{22} J \end{aligned}$$

[注8] この半分ということを抜かしたとしても問題ありません。私たちとしては、正解の1/10〜10倍以内に入ればよいのですから。

そして、ロッキー山脈はその5倍なのですから、$PE_{Rockies} = 5 \times 10^{22}$ J（缶ジュース約10^{17}本分）となります。いやぁ、これはかなりのエネルギーです！　山を高くしたこのエネルギーを発生させたのが、大陸の運動（さらに元をたどると地球の中心部で発生した熱）です。

　ここで、山脈の高さが式に2回出てくることに注目してください。1回は直に高さとして、もう1回は体積の一部として、です。ということは、高さの推定値が本来の2倍であれば、位置エネルギーの推定値は本来の4倍になってしまうということです。幸い、私たちは、1/10〜10倍以内におさまる答えを求められればよいのです。

6.1.3 例解

前の問題と同様に、物体の高さとその質量を推定する必要があります。

建物の各階の高さは 3 〜 4m 程度です。天井は約 2.5m（つまり、床と天井の間には約 2.5m の空気があるということ）で、残りは配管および配線用の空間や骨組みの（建物を支えている）部分です。したがって、100 階建ての建物の高さは、100 階 × 3m/階 = 300m となります。また、建物の建材の平均的な高さはその半分くらい（なぜなら、すべての建材が建物のてっぺんにあるわけではないので）、つまり $h = 150m$ となります。

次に推定しなくてはならないのは、建物の質量です。建物の質量は、その垂直構造とその水平床にあります。構造支柱はすべて鋼鉄です（同じ重量のコンクリートよりもずっと強いため）。構造支柱が建物の体積に占める割合は、1％よりもずっと大きく、100％よりもずっと小さいはずです。そこで、幾何平均をとって、それが建物の体積に占める割合を約 10％と推定しましょう（もし、もっと小さければ、もっと背の高い建物を建てているでしょうし、もっと大きければ、建物の中には利用可能スペースがほとんど残らないでしょう）。

そういうわけで、建物の体積を推定しなくてはなりません。高さはもうわかっています。一般的な 100 階建ての建物の面積は、いずれにしろ、サッカー競技場（縦

50m、横100m、$5 \times 10^3 \mathrm{m}^2$）と、個人の住宅（$100\mathrm{m}^2$）の間です。ここでは$10^2\mathrm{m}^2$（これだと縦横ともに30m）を使うことにしましょう。したがって、体積（V_{bldg}）は次のとおりとなります。

$$V_{bldg} = h \times A = 3 \times 10^2 \mathrm{m} \times 10^3 \mathrm{m}^2 = 3 \times 10^5 \mathrm{m}^3$$

このうち10％が、密度$d = 10\mathrm{t/m}^3 = 10^4 \mathrm{kg/m}^3$の鋼鉄だと仮定します。そうすると、この建物の質量（m）は次のとおりとなります。

$$\begin{aligned} m &= V_{steel} \times d = V_{bldg} \times 10\% \times d \\ &= 3 \times 10^5 \mathrm{m}^3 \times 0.1 \times 10^4 \mathrm{kg/m}^3 \\ &= 3 \times 10^8 \mathrm{kg} \end{aligned}$$

なんと、110階建てのシアーズタワーの質量は$m = 2 \times 10^8 \mathrm{kg}$といわれています（つまり、私たちの推定はとんでもなく近いということです！）。

これで位置エネルギー（PE）も簡単に求められます。

$$\begin{aligned} \mathrm{PE} &= m \times g \times h \\ &= 3 \times 10^8 \mathrm{kg} \times 10 \mathrm{m/s}^2 \times 1.5 \times 10^2 \mathrm{m} \\ &= 5 \times 10^{12} \mathrm{J} \end{aligned}$$

これは、缶ジュース1000万本分のエネルギーに相当します。これならかなりのエネルギー量と言えます。これ

で、なぜ建物を建てるときよりも壊すときのほうがずっと簡単なのか、わかってもらえるでしょう。

第6章　エネルギーと仕事　197

6.2.1 例解

$KE = \frac{1}{2}mv^2$ なので、質量と速度を推定する必要があります。1kg分のテニスボールの数といえば、間違いなく1個以上、100個未満なので、テニスボールの数は20個としましょう。したがって、質量（m）は次のとおりとなります。

$$m = \frac{1\text{kg}}{\text{ボール20個}} = 5 \times 10^{-2} \text{kg/ボール}$$

さて今度は、速度を推定しなくてはなりません。スピードには一定の上限を設けてもよいでしょう。テニスボールは衝撃波を発生しないので、音速（300m/s）よりは遅いということがわかります。テニスボールの移動速度は、車（時速50〜100km、すなわち15〜30m/s）よりも速いです。このほかにも何か手がかりがあるかどうか考えてみましょう。野球の球と比べてみてもよいでしょう。投手が投げた速球は、時速160km（50m/s）で飛んでいきます。サーブボールは、これよりも速く飛んでいくはずです。ラケットによる何らかの力学的効果があるからです。あるいは、テニスコートの大きさから割り出してもよいでしょう。ボールは、サービスラインからコートにぶつかるところまで20mほど飛びます。それ

に要する時間は、0.2秒よりも長いはずで（さもなければ、サーブをリターンすることなどできません）、1秒より短いことは確かです。つまり、スピードの範囲は20〜100m/sということです。ここでは60m/s（すなわち時速210km）を使うことにしましょう。

これで運動エネルギー（KE）を計算できるようになりました。

$$KE = \frac{1}{2}mv^2 = 0.5 \times 5 \times 10^{-2} \text{kg} \times (60\text{m/s})^2 = 100\text{J}$$

100Jといえば、100W電球が1秒間で出すエネルギーです（1W＝1J/秒）。大したことありませんね！

では、実際のところはどうでしょうか。これまでもっとも速いサーブは時速250km（70m/s）でしたので、優秀な選手であれば、60m/sというのはきわめて妥当な数字です。また、テニスボールの質量は57gですので、私たちが出した50gという推定もとてもいい線までいっています。

6.2.2 例解

　推定しなくてはならないのは、トラックのスピードと質量です。米国のハイウェイの速度制限は、一般的に時速90〜110kmです。そこで、時速100kmの速度を使うことにしましょう。およそ30m/sです。小型車の重さは、およそ1tです。大型トラックは、小型車1台分よりはかなり重いけれども、100台分よりは軽いでしょう。このことから、重さは10tとします（1と100の幾何平均）。あるいは、橋の重量制限の標識から質量を推定してもよいでしょう。橋の重量制限は、表示されている場合、約10〜20tというものが多いようです。これは、大型トラックがそれよりも重いということを暗に示しています（なぜなら、そうでなければ警告表示は必要ないからです）。このことから、約40tだということができます。そこで、10tと40tの平均を使うことにしましょう。つまり20tです。1t = 10^3kgなので、20t = 20 × 10^3kg = 2 × 10^4kgとなります。そこで、次のような計算となります。

$$PE = \frac{1}{2}mv^2 = 0.5 \times 2 \times 10^4 \text{kg} \times (30\text{m/s})^2 = 1 \times 10^7 \text{J}$$

これは、大きな建物の位置エネルギーの10^6（100万）分の1です。一般的な缶ジュースで10^5Jなので、これは、330mL入り缶ジュースの100本分のエネルギーと

いうことになります。自動車のエネルギー源（バッテリーやガソリン）については、次の第7章でもっと詳しくみていくことにします。

　ここで注意してほしいことは、質量が1t程度の小型車の運動エネルギーは、ずっと小さいということです。直接計算してもよいのですが、その車の質量がトラックの20分の1である場合、運動エネルギーも20分の1になるという事実を利用するやり方もあります。そうすると、その車の運動エネルギーは、$KE_{car} = 1 \times 10^7 J/20 = 5 \times 10^5 J$となります。これは、缶ジュース5本分のエネルギーです。

6.2.3 例解

　例のごとく、推定しなくてはならないのは、質量と速さです。それでは質量から始めましょう。北米大陸を使って、体積（つまり、縦、横、厚さ）と密度を推定してみます。前の問題3.9では、地続きのアメリカの横幅を地球の外周の1/8、すなわち 5×10^6 m と推定しました。仮に北米大陸を正方形とすると、縦も 5×10^6 m となります。

　地殻の深さのほうは、もうちょっと難しいです。1 km より深く（多くの採掘坑でもっと深く掘っています）、10^3 km より浅い（なぜなら、構造プレートは地球の半径のごく一部であることがわかっていますから）ことは間違いありません。そこで、1 km と 10^3 km の幾何平均をとってみると、30 km、すなわち 3×10^4 m となります [注9]。したがって、北米大陸の体積（V_{NA}）は、次のとおりとなります。

$$\begin{aligned} V_{NA} &= l \times w \times h \\ &= 5 \times 10^6 \text{m} \times 5 \times 10^6 \text{m} \times 3 \times 10^4 \text{m} \\ &= 8 \times 10^{17} \text{m}^3 \end{aligned}$$

そこで、これに岩の密度を掛け算すれば、質量が求めら

[注9] 地殻の実際の深さは、20〜80 km です。

れます。岩の密度は、水のそれ（$d = 1 \times 10^3 \text{kg/m}^3$）よりも高く、鉄のそれ（$d = 10 \times 10^3 \text{kg/m}^3$）よりも低いはずなので、$d = 3 \times 10^3 \text{kg/m}^3$ を使うことにしましょう。すると、質量（m_{NA}）は、次のように求めることができます。

$$m_{NA} = d \times V = 3 \times 10^3 \text{kg/m}^3 \times 8 \times 10^{17} \text{m}^3 = 2 \times 10^{21} \text{kg}$$

次に必要となるのが速度です。カリフォルニア大地震について書いてあるものを読めば、北米大陸が年間1〜2cm程度移動していることがわかるでしょう。あるいは、もっと長い時間の尺度を使う方法もあります。大西洋は、この約 10^8 年の間、北米大陸がヨーロッパから離れていくにつれて広がってきました。現時点では、大西洋の最大幅は約 $5000 \text{km} = 5 \times 10^6 \text{m}$ です。したがって、北米大陸の速度（v_{NA}）[注10] は、次のとおりとなります。

$$v_{NA} = \frac{d}{t} = \frac{5 \times 10^6 \text{m}}{10^8 \text{年}}$$

$$= 5 \times 10^{-2} \text{m/年} \times \frac{1 \text{年}}{\pi \times 10^7 \text{秒}} = 2 \times 10^{-9} \text{m/s}$$

[注10] 本書では V で体積を、v で速度を表しています。科学者というものは、あっという間に変数記号を使い切ってしまうので、文字を再利用しないといけないのです。

この、年間5cmという推定値は、実際のスピードの数倍あります。それでもそう速いというわけではありません。

これで運動エネルギー（KE）を求めると、次のようになります。

$$KE = \frac{1}{2}mv^2 = 0.5 \times 2 \times 10^{21} \text{kg} \times (2 \times 10^{-9} \text{m/s})^2$$

$$= 4 \times 10^3 \text{J}$$

テニスボールよりもずっと大きいけれども、トラックよりはずっと小さいエネルギーです！　また、缶ジュース1本よりもかなり小さいです。

大陸を止めるのが難しいのはなぜかを説明するには、その運動量を推定する必要が出てきます。これについては、たぶんこの次の本で……。

6.2.4 例解

ロケットに運動エネルギーを供給するのはロケット燃料です。運動エネルギーを求めるには、質量と速度を推定する必要があります。したがって、まず宇宙船がどれくらいの速さで航行する必要があるのかを求める必要があります。宇宙船は、地球からアルファケンタウリまでの4光年を40年以下で航行しなくてはなりません [注11]。光が4年で移動する距離を、私たちは40年かけて航行するわけですから、私たちの速度は光のスピードの10分の1です。したがって、その速度（v）は次のとおりとなります。

$$v = \frac{1}{10}c = 0.1 \times 3 \times 10^8 \text{m/s} = 3 \times 10^7 \text{m/s}$$

次に推定するのは、ロケット船の質量です。最新の空母の排水量は 10^5 t です。コロンブスはサンタマリア号で新世界へと航海しましたが、その船の重さはほんの 100 t 程度でした [注12]。40年間の旅に必要な生命維持装置を小さな船に積み込めるとは、とても思えません。

[注11] なぜ40年なのでしょうか。20年と60年の間なら、何年でもよさそうなものですが。その理由は次の2つ、(1) モーゼの場合も同じだったこと〔旧約聖書に、モーゼがユダヤ人を率いて約束の地に到着するまで40年間荒野をさまよった、とある〕と、(2) 4のちょうど10倍なので計算が簡単であることです。[注12] しかし、コロンブスの航海はほんの数カ月間でしたし、大量の酸素を持っていく必要もありませんでした。

そこで、質量は10^4t、つまり、10^7kgとしましょう。運動エネルギーは質量に正比例するため、気軽にいろいろな質量でやってみることもできます。とにかく、必要な燃料を計算してみましょう。

宇宙船の持つ運動エネルギー（KE）は、次のとおりとなります。

$$\mathrm{KE} = \frac{1}{2}mv^2 = 0.5 \times 10^7 \mathrm{kg} \times (3 \times 10^7 \mathrm{m/s})^2 = 5 \times 10^{21} \mathrm{J}$$

これは、かなりの量のエネルギーです。アルプス山脈を平らにしてようやく得られる量ですが、それでも小さな船1隻分のエネルギーを供給するにすぎません。

それでは、必要な燃料についてみてみます。4×10^9J/tの燃料の場合、我らが10^4tの宇宙船に必要な燃料の総質量（m_{fuel}）は、次のとおりとなります。

$$m_{fuel} = \frac{5 \times 10^{21} \mathrm{J}}{4 \times 10^9 \mathrm{J/t}} = 1 \times 10^{12} \mathrm{t}$$

おぉーっと！　どの大きさの宇宙船にしようと、それはもはや問題ではありません。燃料の重さが宇宙船の1億（10^8）倍になってしまうからです。さて、今度は、燃料を加速するために必要な予備燃料について考えなくてはなりません。それどころか、宇宙船が目的地で減速したり、ロケットエンジンの性能が悪かったりした際に必要となるエネルギーについても考慮に入れていません。

しかし、どうやっても無理です。人が生きているうちに宇宙船を星まで飛ばすことは、従来の化学燃料を使っては不可能なのです。
　誰かがダイリチウム結晶〔アメリカのテレビドラマ『スタートレック』で出てきた、宇宙船をワープさせるための物質〕や反物質駆動の研究を始める必要があります。

6.3.1 例解

　ハイウェイを走るスピードから完全停止へとジョンが自分の速度を変えるには、彼に力がかけられなくてはなりません。ニュートンの第一法則のとおり、「外力が働かなければ、動きのスピードと方向は変わらない」のです。今回の場合、ジョンに対して作用する力はシートベルトとエアバッグが及ぼすもので、このため車の減速につれて彼も減速せざるをえなくなります。そこで、シートベルトとエアバッグが彼に及ぼしている力を推定してみましょう。そのために、最初の運動エネルギーを推定し（なぜなら、シートベルトが行った仕事は、その値をゼロに変えるものであるはずだからです）、また、力が作用した距離を推定しましょう。

　彼の運転スピードは、時速100km（30m/s）で、質量は100kgとします [注13]。その場合、彼の運動エネルギー（KE）は、次のとおりとなります。

$$KE = \frac{1}{2}mv^2 = 0.5 \times 100\text{kg} \times (30\text{m/s})^2 = 5 \times 10^4 \text{J}$$

したがって、彼を停止させることで行われた仕事は、5×10^4Jになります。

[注13] この質量は、科学という大義のためのものです。問題が終わったら、余分な体重はなくなります。

幸いなことに、彼の車の前部はちゃんと設計されていて、ぐしゃりとつぶれます。フロントバンパーはすぐに止まりますが、車内のほうは、前部がつぶれるにつれて減速し、少しずつ止まります。一般的に、前部のつぶれ方は1mよりも少なく、0.1m（10cm）よりは多いです。そこで、平均をとって0.5mとします[注14]。つまり、作用する力（F_{crash}）は、次のとおりということになります。

$$F_{crash} = \frac{W}{d} = \frac{5 \times 10^4 \text{J}}{0.5\text{m}} = 10^5 \text{N}$$

　では、これはどれくらいの量なのでしょうか。10Nは1kgの物体にかかる重力なので、10^5Nは10^4kgの物体にかかる重力ということになります。したがって、衝突の間にジョンにかかる力は、100kgの人が100人、皆さんの胸の上に立っているのと同じなのです。これって10tですよ！　ひゃあ！　時速100kmの車で壁にぶつかっていくことは（たとえシートベルトを締めていても）、いい考えだとは言えません！

　車は、ダッシュボードにパッド材を入れたり、車にクランプルゾーンを装備したりすることによって、衝突時の停止距離を延ばし、発生する停止力を小さくするようになっています。シートベルトを常に締めなくてはなら

[注14] この場合、幾何平均の0.3mと平均の0.5mの間には大差ありません。

ない理由は、シートベルトが皆さんをシートに固定するからです。これにより、車が停止するにつれて皆さんも徐々に止まるようになっているのです。シートベルトを締めていないと、頭はフロントガラスにぶつかり、そこで急に止まります。停止距離がずっと短いため、そのときの力はずっと大きいものとなります。一般的には、これはいいこととはいえません。

6.3.2 例解

これは、前の問題ととてもよく似た問題です。電車を止めるためにスパイダーマンが行った仕事は、電車の最初の運動エネルギーと等しいため、電車の質量と速度を推定する必要があります。その次に、作用した力を計算するために停止距離を推定する必要があります。

電車の車両の大きさと重量は、セミトレーラー（18輪）トラックとほぼ同じです。10～40tです。ここでは20t（すなわち 2×10^4 kg）としましょう。電車は6両編成なので、電車の質量は、$6 \times 2 \times 10^4$ kg $= 10^5$ kg となります。スピードは、時速30kmより速く、時速160kmより遅いはずです。電車の駅の間隔はそれほど離れていないので、その運転速度は時速65km（20m/s）程度でしょう。したがって、電車の運動エネルギー（KE）は、次のとおりとなります。

$$KE = \frac{1}{2}mv^2 = 0.5 \times 10^5 \text{kg} \times (20\text{m/s})^2 = 2 \times 10^7 \text{J}$$

今度は、停止距離を求めなくてはなりません。マンハッタンでは、10～20ブロックとは、約1km、すなわち 10^3 m です（100m以上で10km以下であることは確かなのですから）。したがって、スパイダーマンが発揮しなくてはならない力（F）は、次のとおりとなります。

$$F=\frac{\text{KE}}{d}=\frac{2\times 10^7 \text{J}}{10^3 \text{m}}=2\times 10^4 \text{N}$$

2×10^4Nの力といえば、重量にして2,000kg、つまり2tです。車を持ち上げることのできるスーパーヒーローなら、可能性は十分にあります（絶対に簡単ではありませんが）。人間には絶対にできません。

　すごい！　ハリウッドは物理学を正確にものにしたのです！　ほかならぬスーパーヒーローの映画で！　ばんざーい！

第7章
炭化水素と炭水化物

7.1　化学エネルギー

光合成ができるようにならないかぎり、人はエネルギーの大半を化学反応から得ています。つまり、食物を食べ、炭化水素を燃料として燃やしてエネルギーを得ているのです。通常、化学反応では、1つの電子が2つの原子の間で交換されます。この交換のエネルギーが約1.5電子ボルト（eV）[注1]です。もっと正確に知りたければ、化学者に尋ねるか、調べてみてください。この数字を有効に活用するには、次の2つのことを知っている必要があります。

1. 電子ボルト（eV）からジュール（J）への変換
   $1\,\mathrm{eV} = 2 \times 10^{-19}\,\mathrm{J}$
2. 反応に関与する分子の数

2番目の数値を決定するには、多少の化学の知識が必要です。ここでは、主に炭化水素を扱うため、反応を$C + O \rightarrow CO_2$（炭素と酸素が反応すると二酸化炭素が形成される）と$H + O \rightarrow H_2O$（水素と酸素が反応すると水が形成される）に限定して考えます。これらの反応の

[注1] 電池が化学エネルギーを電気エネルギーに変換する例から、このことは一般によく知られています。通常、電池は1.5Vの電位を提供します。したがって、電池の中を流れる個々の電子は、1.5eVのエネルギーを取得し、電池の中を流れる電気の各クーロン（クーロン（C）は$1C = 6 \times 10^{18} e$）（eは電気素量＝電子が持つ電荷）は、1.5クーロンボルト（$C \cdot V$、1.5ジュール（J））のエネルギーを取得します。

酸素はすべて、大気中から取り入れられます。

本書では、炭（純粋な炭素）、天然ガス（メタン、CH_4）、および本書でCH_2 [注2] と呼ぶその中間のすべて（ガソリンを含む）の3種類の炭化水素だけを取り上げます。炭素原子1モルの質量は12g（炭素の原子量）で、$N_A = 6 \times 10^{23}$個の原子が含まれます。それを燃やすと、N_A回の化学反応が起きます。メタン分子1モルの質量は16g（1個の炭素と4個の水素から成る原子の質量）で、$N_A = 6 \times 10^{23}$個の分子が含まれます。それを燃焼すると、$3 \times N_A$回の化学反応が起きます（1モルのCO_2と2モルのH_2O）。

[注2] 多くの炭化水素は、炭素原子あたり2個の水素原子を持つ長い炭素鎖から構成されているからです。これらは近似的にCH_2の繰り返しで構成されていると考えることができます。実際には、水素対炭素の比は、関連する正確な化学式によって異なります。

7.1.1
ガソリンのエネルギー

　1kg（約1L）のガソリンを燃焼するとどのぐらいの化学エネルギー（ジュール［J］単位）が放出されるでしょうか。また、エネルギー密度 (J/kg) はどのぐらいでしょうか。

解答は239ページへ

ヒント ガソリンはほとんど CH_2 であると仮定します。

ヒント 1kgのガソリンでは、CH_2 のモル数はいくつでしょうか。

ヒント 1モルの CH_2 の質量は14gです。

ヒント 1分子の CH_2 を燃焼すると3eVを得ることができます（1分子の CO_2 と1分子の H_2O が形成されるため）。

7.1.2
電池のエネルギー

　一般の単1電池にはどのぐらいの化学エネルギーが蓄えられているでしょうか。

解答は241ページへ

ヒント 使用されるエネルギー（J単位）は、電気出力（ワット［W］単位）に寿命（秒単位）をかけた値に等しくなります。

ヒント 単1電池式の懐中電灯（LED以外）の光出力と、100Wの電球または4Wの常夜灯の光出力を比べてみてください。

ヒント その懐中電灯の電池の寿命はどのぐらいですか。

7.1.3
電池のエネルギー密度

単1電池のエネルギー密度（ジュール/キログラム [J/kg]）はどのぐらいでしょうか。これをガソリンのエネルギー密度と比べると何がわかりますか。

解答は244ページへ

ヒント いくつの単1電池を集めると1kgになるでしょうか。1個でしょうか。それとも、10個、100個、または1,000個でしょうか。

7.1.4
電池と
ガソリンタンクの比較

　ガソリンタンクのガソリンと同量のエネルギーにするには、何 t の電池が必要でしょうか。満タンのガソリンの重量はどのぐらいでしょうか。

解答は246ページへ

> **ヒント** 車のタンクがほとんど空の状態で燃料補給すると何Lのガソリンが必要でしょうか。

> **ヒント** 3×10^7 J/Lの場合、満タンのガソリンのエネルギーはどのぐらいでしょうか。

7.2 食物がエネルギー

私たちは、食べた食物からエネルギー（おそらく、過剰なエネルギー）を得ています[注3]。食物のエネルギー量は、パッケージの裏面の栄養成分表に記載されています。ヨーロッパ人はこれをJ（ジュール）単位で知りますが、アメリカ人や日本人はカロリーをジュールに変換する必要があります。食品の1カロリーは物理学上の10^3カロリー（c）に等しく、これは4×10^3Jに相当します[注4]。

[注3] このエネルギーは、食物の分子と体内の酸素との化学反応から発生します（酸化）。急速な酸化が燃焼と呼ばれています。食物のエネルギー含量は、食物を燃焼し放出されたエネルギーを測定して、計測されます。[注4] 本来、カロリーは熱を測定するために使用され、ジュールは動力学的な位置エネルギーを測定するために使用されていました。その後、私達は、それらがエネルギーの異なる形式に過ぎないことを学習しました。物理学上の1カロリーは、1gの水の温度を1℃上昇させるために必要なエネルギー量です。

7.2.1
食事と給油

　栄養が行き届いた人が1年間に消費するエネルギー量はどのぐらいでしょうか（ジュール単位）。常に十分にガソリンが補給されている自動車が1年間に消費するエネルギー量はどのぐらいでしょうか（ジュール単位）。

> 解答は248ページへ

| ヒント | 毎日消費する食物のカロリーはどのぐらいでしょうか？ |

| ヒント | アメリカにおける栄養摂取のガイドラインでは、1日あたり2,000〜2,500カロリーが基準となっています。 |

| ヒント | 1Lのガソリンには、3×10^7 Jの化学エネルギーが含まれます。 |

| ヒント | あなたの車が1年間に使用するガソリンの量はどのぐらいですか？ |

| ヒント | ガソリンのタンクはどのぐらいの頻度で補給しますか？ |

7.2.2
エタノールの農地

　すべての車が使用しているガソリンに完全に取って代わる十分なエタノールを得るために、アメリカでトウモロコシを栽培するにはどのぐらいの農地が必要でしょうか。今日使用している農地の数倍になることは考えられます。この問題は、第1に、車が100%エタノール燃料で走行できること、第2に、エタノール用の植物のうち人間が食用可能な部分のみを使用すること、第3に、エタノールの生産に要するエネルギーより、エタノールを燃焼させて得るエネルギーの方が大量であることを前提としています。

　　　　　解答は250ページへ

> **ヒント** 車の消費エネルギーと運転者の消費エネルギーとの比はどのぐらいでしょうか。車は人よりどのぐらい多くのエネルギーを消費するでしょうか。

7.3 パワー！

物理学では、「パワー」とはエネルギーの時間あたり使用率（仕事率）です。パワーは、電気の場合は「電力」、熱や動力などの場合は「出力」と言い、使ったエネルギーに注目する場合は「エネルギー消費率」などとも言います。パワーはワット（W）で計測します。1W = 1J/sです。100Wの電球は、毎秒100Jのエネルギーを使用します。したがって、1年間で100Wの電球が使用するエネルギーは次のとおりです。

$$E = 100W \times \pi \times 10^7 秒/年 = 3 \times 10^9 J/年$$

大量です。両親があなたに電気を消しなさいと言っていたのは正しかったのです。

電力会社は、エネルギーをJ単位で測定するより、1時間に1kWを使用したときの消費エネルギーを示すkWh（キロワット時）を単位として使用することに固執しています。これを数式で表すと次のとおりです。

$$1kWh = 1,000W \times 1時間 \times \frac{60分}{1時間} \times \frac{60秒}{1分}$$
$$= 3.6 \times 10^6 J$$

したがって、100Wの電球は1年あたり約10^3kwhを使用します。

7.3.1
熱い人間

人の熱出力はどのぐらいでしょうか（WまたはJ/s単位）。

解答は252ページへ

| ヒント | 取り込んだエネルギー＝出力したエネルギー |

| ヒント | 私たちの1日の消費エネルギーはどのぐらいですか？ |

| ヒント | エネルギーはすべて熱として放出されます。 |

| ヒント | 1日は約 10^5 秒です。 |

7.3.2
ガソリンを満タンにする

車のガソリンタンクを満タンにするときに、エネルギーの移動速度は何Wぐらいでしょうか?

解答は254ページへ

| ヒント | タンクに入るガソリンの量はどのぐらいですか？ |

| ヒント | 1Lのガソリンには、3×10^7 Jの化学エネルギーが含まれます。 |

| ヒント | タンクを満タンにするまでにどのぐらいの時間がかかりますか。ガソリンのポンプ注入に費やす時間だけを考えます。 |

| ヒント | パワー＝エネルギー/時間です。 |

7.3.3
電気自動車を充電する

電気エネルギーを電気自動車にどのぐらいの速度で移動できるでしょうか。家で一晩、車を充電したものとします。

解答は256ページへ

ヒント 家で使用している最大電力はどのぐらいですか？

ヒント 家の1回路で提供できる最大電力はどのぐらいですか？

ヒント 暖房器または電子レンジが使用する電力はどのぐらいですか？

ヒント 暖房器は約1.5kWを使用します。これは、20A（アンペア）の家庭の回路で提供できる最大電力にほぼ相当します。

ヒント 家庭にある回路数はいくつですか？ つまり、ヒューズまたはブレーカーの数は？

7.1.1 例解

化学反応ごとに取得できるエネルギーが1.5eVであるとわかっているため、1kgのガソリンを燃焼したときに起こる化学反応の数を推定する必要があります。これを推定するには、化学組成を知る必要があります。

ガソリンの水素対炭素の比を2と仮定します（0［純粋な炭素］より大きく、4［純粋なメタン］より小さいため）。したがって、ガソリンはCH_2分子から構成されていると仮定します[注5]。原子質量は、炭素が12、水素が1であるため、CH_2の分子質量は14です。つまり、1モルのCH_2の質量は14g（1.4×10^{-2}kg）となります。そのため、ガソリン1kgに含まれるモル数は、次のとおりです。

$$N = \frac{1\text{kg}}{1.4 \times 10^{-2}\text{kg/モル}} = 70\text{モル}$$

これらのCH_2「分子」は、それぞれ2つの反応を引き起こします。1つは、炭素原子を酸化しCO_2を作り、もう1つは2個の水素原子を酸化しH_2Oを作ります。したがって、各CH_2分子が3eVを提供します。1kgの

[注5] この概算では、炭素原子が長鎖分子（ガソリンの代表的な成分であるオクタンは1つの鎖に8個の炭素原子を持つ）に属している点を無視しているため、炭素炭素結合を分解するために必要なエネルギーが考慮されていません。それを気にするのは化学者にお任せしましょう。

ガソリンを燃焼（酸化）して放出される総エネルギーは、次のとおりです。

$$E = \frac{70 \text{モル}}{1\text{kg}} \times \frac{6 \times 10^{23} \text{反応}}{1 \text{モル}} \times \frac{3\text{eV}}{1 \text{反応}} \times \frac{1\text{J}}{6 \times 10^{18}\text{eV}}$$

$$= 2 \times 10^7 \text{J/kg}$$

したがって、1kgのガソリンを燃焼すると、2×10^7J が放出されると予測できます。

Webで調べたところ [15]、ガソリンのエネルギー密度は約4.5×10^7J/kgであることがわかりました。ほぼ2倍で、ほとんどずれていません。概算した値は結構よいといえます。

また、ガソリンのエネルギー密度が水の約3/4である点にも注意してください。当然、本書では、これは1に近いと見なすことができます。ただし、正確さを必要とする場合は [注6]、3×10^7J/Lの体積エネルギー密度を使用する必要があります。

1kgのTNTには4×10^6Jしか含まれていません。これは、ガソリンの10%です。ただし、TNTはかなり迅速にエネルギーを放出できます。

[注6] 本書では必要としていません。

7.1.2 例解

電池に蓄えられている化学エネルギーを推定するには、その電気出力と寿命を予測する必要があります。電力（W単位）が毎秒使用されるエネルギーとなるからです。つまり、100Wの電球は毎秒100Jの電気エネルギーを消費します。

電池の電気出力を知る最も簡単な方法は、電池が電力を供給している懐中電灯の光出力を、電力消費量がわかっている他の照明と比較することです。電球の種類（白熱、蛍光、LEDなど）によって効率も異なるため（同量のエネルギー消費でも生成される光の量が大幅に異なる）、必ず、同じ種類の電球の光を比較する必要があります。ここでの比較には、一般の白熱電球を使用します（それらはフィラメントを数千度に加熱して発光する電球であるため、かなり熱くなります）。

懐中電灯は標準の電球（100W、60Wなど）に比べかなり弱い光を発します。それは4Wの常夜灯とほぼ同量（1/10～10倍以内）の光です。ただし、通常、懐中電灯の光は指向性があり（鏡を使用して一方向に光線を集中させている）、常夜灯は全方向性で一部が遮蔽されているため、厳密に比較するのは困難です [注7]。したがって、ここでは懐中電灯は4W（4J/s）を消費すると

[注7] 周辺光が似た状況で、2つの光源を比較する必要もあります（人間の目の光に対する感度は、明るい太陽光から暗闇まで桁違いに変化するからです）。

考えます。

次に、電池の寿命を知る必要があります。懐中電灯が点灯し続けていられるのは、1時間以上1日（24時間）未満です。ここで、幾何平均を使用して、寿命は5時間であると考えます。

これで、電池に蓄えられた化学エネルギーを計算できます。

$$E_{D\text{-}battery} = 電気出力 \times 時間$$
$$= 4W \times 5時間 \times 3.6 \times 10^3 秒/時間 = 7 \times 10^4 J$$

つまり、1個の単1電池には、$7 \times 10^4 J$の化学エネルギーが蓄えられています。推定値を実際の値と比べてみましょう。あるメーカーのアルカリ単1電池の規定容量は15,000mAh（ミリアンペア時）、つまり15Ahです。電気出力は、電流（A単位）に電圧をかけた値に等しくなります。したがって、次のようになります。

$$E_{spec} = 15Ah \times 1.5V \times 3.6 \times 10^3 秒/時間$$
$$= 8.1 \times 10^4 J$$

ここで確認する必要があります。これはどのくらいのエネルギー量なのでしょうか。この値は、ジュースの缶に含まれる化学エネルギーとほぼ同量です。また、1kg（1L）のガソリンのエネルギーの約1/1,000です。$10^{-3}L = 1mL = 1cm^3$であるため、これはガソリンの$1cm^3$

(小指の先端から第1関節まで程度)に含まれるエネルギーです。多くはありません。次の問題で、これをさらに詳しく検討します。

7.1.3 例解

エネルギー密度を推定するには、1個の電池のエネルギーと質量を知る必要があります。前の問題で1個の単1電池のエネルギーは推定しました。ここでは、質量を知る必要があります。多くの場合、1個の物体の重量を知るより、その物体をいくつ集めれば1kgになるかを推定する方が簡単です。明らかに、1個の単1電池の重さは1kg未満であり、100個の単1電池の重さは1kgを超えています。ここで、1kgあたり約10個の単1電池が存在すると考えます(実際には、単1電池4個入り1パックの重量が約500gです。正確には9個の単1電池で1kg相当になります)。

これで、アルカリ単1電池のエネルギー密度を計算できます。

$$電池のエネルギー密度 = \frac{エネルギー}{質量} \times \frac{10個の質量}{1\text{kg}}$$
$$= 8 \times 10^5 \text{J/kg}$$

ガソリンのエネルギー密度が 4×10^7 J/kg であることを思い出してください。これは、単1電池の50倍にあたります。

実際に、再利用可能な電池のエネルギー密度はもっと低くなります。特に、再利用可能な電池は、エネルギー

密度とサイクル寿命（充電可能な回数）を考慮して設計されています［16］。充電式電池のエネルギー密度は、充電できない電池の数倍低くなります。鉛酸電池の 1×10^5 J/kgから、エネルギー密度が最も高いリチウムイオン電池の 6×10^5 J/kgまでの範囲です。電池は、200〜500回しか充電できません（電池の種類によって異なる）。

　また、サイクル寿命も重大な制限を課している点に注意してください。週に1回、車に充電すると、年間では50回になります。つまり、200サイクルの電池は、車のエネルギー貯蔵としては4年しかもちません。電気自動車を購入しても、大きくて重い高額な電池を4年ごとに買い替えたくはないはずです。

7.1.4 例解

自動車（乗用車およびSUV）のガソリンタンクは、車のサイズと燃費に応じて、40〜120Lです。小型自動車は約40L、ミニバンは約80L、大型SUVは約120Lです。妥当な平均値として80Lを採用します。80Lのガソリンのエネルギーは、

$$E = 80\text{L} \times 3 \times 10^7 \text{J/L} = 2 \times 10^9 \text{J}$$

すなわち2GJです。80Lであるため、質量は約80kgです。

このエネルギー量を蓄電するために必要な充電式電池の量を考えてみます。2006年に実用化されたエネルギー密度 6×10^5 J/kg を持つ最も効率のよいリチウム電池を使用します。必要となる電池の総重量は、

$$M = \frac{2 \times 10^9 \text{J}}{6 \times 10^5 \text{J/kg}} = 3 \times 10^3 \text{kg}$$

すなわち3tです。

これは、本書の推定の基準から見ても、正しいとは言いかねます。エンジンまたはジェネレータで燃料を燃焼し、化学エネルギーを機械エネルギーに変換したときの効率は約3分の1です。化学エネルギーの約3分の2

が熱によって失われます。すでに電気エネルギーは生成されているため（通常は化石燃料を燃焼して）、必要となるのはガソリンのエネルギーの3分の1に相当する電気エネルギーだけです。そのため、1tの電池が必要です。

これには、まだ車の暖房システムが考慮されていない点に注意してください。車のヒーターは、車内を暖めるために、燃料のエネルギーのうち熱となってしまう3分の2を利用しています。バッテリー駆動式の電気自動車には、車内を暖める（外部を冷やす）ための特殊なエアコン（ヒートポンプと呼ばれる）が必要です。

車の重量は1t（小型自動車）、2t（ミニバン）から3t（大型SUV）程度であるため、電池を1t追加するとなるとかなり大きな割合を占めます。

この電池の重量は驚くにはあたりません。現在、バッテリー技術のためにラップトップコンピュータから携帯電話、コードレス電動工具まで多数の消費者製品に制限が課せられています。少なくとも5つ[注8]の要因を改善して、電池のエネルギー密度を高める必要があります（寿命が短くなったり、安全性や環境に影響を及ぼしたりすることなく）。

[注8] エネルギー移動速度については、問題7.3.3で触れています。

7.2.1 例解

私たちは1日あたり2,000〜3,000カロリーの食物を消費します。これから、1年間の消費量を計算すると次のようになります。

$E =$ エネルギー/日 × 日数/年
$= 2.5 \times 10^3$ カロリー/日 × 4×10^3 J/カロリー × 4×10^2 日/年
$= 4 \times 10^9$ J/年

これは平均値です。スポーツ選手ならもっと大量に消費しますし、カウチポテト族なら消費量は少なくなります。

ここで、ガソリンを消費する自動車について考えてみましょう。使用されるエネルギーは、使用したガソリンの量にガソリンのエネルギー密度を掛けた値になります。前の問題から、ガソリンのエネルギー密度が 3×10^7 J/L であることがわかっています。では、使用するガソリンの量はどのぐらいでしょうか？

第5章で、アメリカ人の1年間の車の走行距離は平均 2×10^4 km であり、1Lあたり約5kmを走行できることを推定しました。これらの数値を使用して、車の年間の平均ガソリン消費量を計算できます。

$$V = \frac{2 \times 10^4 \text{km/年}}{5 \text{km/L}} = 4 \times 10^3 \text{L/年}$$

つまり、平均的な車は、1年間に4,000Lを使用します。

別の方法として、車の燃料補給の頻度と、毎回入れているガソリンの量を掛けて、自分のガソリン消費量を推定することができます。例えば、毎回50Lずつ、毎週車に燃料を補給している場合、その車の1年間のガソリン消費量は次のようになります。

$V = 50\text{L}/$燃料補給$\times 1$ 燃料補給$/$週$\times 50$ 週$/$年
$\quad = 2.5 \times 10^3 \text{L}/$年

ガソリンのエネルギー密度は$3 \times 10^7 \text{J/L}$です。したがって、1年間にその車が使用する平均エネルギー量は次のとおりです。

$E = 4 \times 10^3 \text{L}/$年$\times 3 \times 10^7 \text{J/L} = 1.2 \times 10^{11} \text{J}/$年

つまり、1,200億Jです。かなり大量です。つまり、車はあなたの約30倍のエネルギーを消費していることになります。ほとんどの人は1tの荷を抱えて時速50kmで道路を走れないため、これは当然です。

7.2.2 例解

人が消費する（つまり、食べる）エネルギーはすべて、栽培されている作物またはそれらの作物を餌にしている動物から得ています。車が消費する（つまり、燃焼する）エネルギーはほとんどすべて、化石燃料から得ています。車の燃料として作物を使用すると、より多くの農地が必要となります。必要な農地面積は、作物から得る必要のあるエネルギー量に比例すると仮定できます。一般的な欧米人は、4×10^9 J/年（4 GJ/年）のエネルギーを消費します。一方、一般的なアメリカ製の車は、1.2×10^{11} J/年（120 GJ/年）、つまり約30倍のエネルギーを消費します。

ただし、肉を食べている分の影響を考慮する必要があります。欧米人の食事の大半は、野菜ではなく肉が原材料となっています。変換効率（動物の飼料と動物の体重との比）は、鶏肉や魚が2、豚肉が4、牛肉が7とまちまちです [17]。そのため、平均して、肉から得られるカロリーは穀類などの動物の飼料から得られるカロリーの4倍とします。食物のカロリーの半分を肉から得ているとすると、実際に直接植物から得て消費しているエネルギーは2 GJ/年で、間接的に得て消費しているエネルギーは$4 \times 2 = 8$ GJ/年となります。つまり、私たちは10 GJ/年の食物エネルギーを消費しています。

おおむね2人のアメリカ人に付き1台の車があるた

め、1人のアメリカ人の消費エネルギーに車の持ち分を足すと、次の値になります。

$$E = 10\text{GJ} + \frac{1}{2} \times 120\text{GJ} = 70\text{GJ}$$

そのため、アメリカ人1人ごとに10GJ/年を提供する農地に依存する代わりに、70GJ/年を提供する農地が必要となります。これは大変です。大幅に増やすことが必要です。

　車と人の両方に燃料と食糧を提供するには、荒地や動物生息地といった間接的な損害を伴いながら開墾をして、農地の大幅増の必要があります。

　こうすることで、どのぐらいの量のガソリンが節減されるかは明らかになっていません。それは、トウモロコシから1Lのエタノールを生産するために必要な化石燃料の量によって決まります。専門家はまだこれについて論争中です。一部では、エタノールのエネルギーより、エタノールを生産するために要する化石燃料エネルギーの方が多いとさえ主張されています。

7.3.1 例解

この問題に答えるには、一定の妥当な期間における私たちのエネルギー消費量を知る必要があります。通常は、1日あたりを前提とします。私たちは、1日あたり約2,500カロリーの食物を消費します。これは既にパワーの単位であるため（つまり、エネルギー/時間）、単位を変換する必要しかありません。

$$P = 2.5 \times 10^3 \, カロリー/日 \times \frac{4 \times 10^3 J}{1\, カロリー} \times \frac{1\,日}{10^5\, 秒}$$

$$= \frac{10^7 J}{10^5\, 秒} = 100 J/秒 = 100 W$$

別の方法として、問題7.2.1の例解を使用することができます。そこで、各人が 4×10^9 J/年を消費すると推定しました。これをWに変換すると、次のようになります。

$$P = \frac{4 \times 10^9 J/年}{\pi \times 10^7\, 秒/年} = 100 W$$

つまり、人間は100Wの電球と同じ熱出力になります。15人集まれば、1,500Wの暖房器と同じになります。設計者とエンジニアは、映画館や航空機などの大勢の

人を収容する構造物の冷暖房システムを設計する際には、この熱出力を考慮する必要があります。

7.3.2 例解

　車のガソリンタンクに補給しているときは、エネルギーが移動しています。パワーはエネルギー/時間であるため、ガソリンによって移動したエネルギーとタンクを満たすために要した時間を推定する必要があります。移動したエネルギーを求めるには、最初に車を満タンにしたときに移動したガソリンの量が必要です。あなたがどの車を運転しているかはわからないため、平均的な車を取り上げます。

　車のガソリンタンクでは、40〜120Lを保持できます。80Lのガソリンに含まれる化学エネルギーは次のとおりです。

$$E = 80\text{L} \times 3 \times 10^7 \text{J/L} = 2 \times 10^9 \text{J}$$

　ここで、このエネルギーを移動するために要した時間を推定する必要があります。ガソリンスタンドまでの移動時間や支払いに要した時間は除外し、ガソリンのポンプ注入に要した時間だけを考えます。ガソリンのポンプ注入には、1分以上10分未満の時間がかかります。妥当な平均として3分を選択します（もっと正確にする必要がある場合は、ストップウォッチを使用して自分が要した時間を計ってください）。

　ガソリンスタンドでのエネルギーの移動は次のように

なります。

$$P=\frac{2\times 10^9 \text{J}}{3\text{分}\times 60\text{秒/分}}=\frac{2\times 10^9 \text{J}}{2\times 10^2 \text{秒}}=10^7 \text{W}=10\text{MW}$$

私たちは、化学エネルギーを車に、10MWの速度で移動しているのです。かなりの速さです。

7.3.3 例解

電気自動車に乗って家に帰り、プラグを電源に差し込みます。エネルギー移動速度は、電気回路が伝送可能な電力によって制限されます。車用に特殊な充電所を造っている場合、電力は家が伝送可能な電力までに制限されます。では、アメリカの家の電力制限について考えてみましょう。

これは、いくつかの方法で見つけることができます。家の中を動き回り、ブレーカーが切れないかぎりできるだけ多くの暖房器の電源を入れます。稼働し過ぎで、電気代も高くなります。1.5kWの暖房器は、1回路が提供可能な最大電力とほぼ同量を使用します。

1回路は、通常、いくつかのコンセントと照明に電力を供給しています。電気パネルのブレーカーの数を数えると、独立した電気回路の数がわかります。大半の家には、10〜20個の回路があります。つまり、家庭の電力は概ね次の値に制限されます。

$$P_{max} = 20 \times 1.5\text{kW} = 30\text{kW}$$

電気配線は、すべての回路が同時に最大電流を流すように設計されていないため、この値では上限を高く推定し過ぎです。

これを知る別の方法は、家に流れる総電流を制限して

いる主ブレーカーを確認することです。中規模な家の通常の主ブレーカーは、電流を約100Aに制限しています。電力＝電圧×電流であるため、使用可能な最大電力は次のとおりです。

$$P = V \times I = 100\text{V} \times 100\text{A} = 10^4 \text{W}$$

この場合、制限は10kWです。

したがって、電気自動車のプラグを電源につなぐと、約10kWの速度で充電できます。これは、ガソリンを補給する場合に比べ、1000分の1の速度です。これは特殊な専用回路でしか動作しない点に注意してください。一般の壁のコンセントでは、電池の充電はさらに10分の1の速度になります。

常に一晩中、電気自動車を充電するつもりがあれば、これでも十分です。長期の旅行の途中で電気自動車を充電する必要が生じたときには、かなり不便です。

自動車メーカーがプラグインハイブリッド自動車の開発に取り組んでいるのは、このためです。電池だけでも、車は60km走行するため、日々の運転には十分です。ガソリンタンクとガソリンエンジンは、時折の長期の旅行で（または、より加速したり、ヒーターやエアコンを使用するために）使用できます。

第8章
地球、月、そしてスナネズミ

　ここでは、流星、衛星、惑星、星、スナネズミなどに関わる、もっと宇宙的な問題を見ていきましょう。

8.1
「それでも地球は回っている」

　地球が太陽の周りを公転する軌道速度はどのぐらいですか。その運動エネルギーはどのぐらいですか。

解答は277ページへ

> **ヒント** 地球が太陽の周りを完全に1回公転するのに要する時間はどのぐらいですか？

> **ヒント** 地球の公転軌道の円周はどのぐらいですか？

> **ヒント** 地球の公転軌道の半径は1.5×10^{11}mです。

> **ヒント** 運動エネルギーは質量に速度の2乗を掛けた値であることを忘れないでください。
>
> $$KE = \frac{1}{2}mv^2$$

> **ヒント** 地球の質量はどのぐらいですか？

> **ヒント** 地球の半径は、6×10^6mです。

> **ヒント** 地球の密度は、水（10^3kg/m^3）より大きく、鉄（8×10^3kg/m^3）より小さいです。

8.2
かわして！

　1kmの隕石が地球に衝突したときの運動エネルギー（J単位およびTNT［1kgのTNTには、4×10^6 Jの化学エネルギーが含まれる］のMt〔メガトン〕単位）はどのぐらいでしょうか。

解答は279ページへ

ヒント 隕石の質量はどのぐらいでしょうか？

ヒント 隕石の密度を推定してください。

ヒント 隕石の速度はどのぐらいでしょうか。

ヒント 隕石は太陽の周りを周回しています。地球の周りも周回しています。

ヒント 隕石の速度は、地球の公転速度とほぼ同じです。

8.3
超特大の太陽

太陽の半径はどのぐらいですか。太陽の平均密度はどのぐらいでしょうか。太陽の質量は、地球の質量の約100万倍、つまり 2×10^{30} kgである点に注意してください。

解答は282ページへ

| ヒント | 腕を差し出して、1本の指で、太陽の像を覆うことができます。

| ヒント | 太陽の幅と距離の比は、指の幅と距離の比と同じです。

| ヒント | 地球から太陽までの距離は、1.5×10^{11} m です。

8.4
太陽のパワー

太陽の出力はどのぐらいでしょうか（W単位）。

解答は285ページへ

> **ヒント** 地球の軌道では、約 1,400W/m² の太陽エネルギーがあります。つまり、毎秒 1m² あたり 1,400J が通過しています。

> **ヒント** この出力密度は、半径 $R = 1.5 \times 10^{11}$m の球面上で一様です。

8.5 スナネズミでできた太陽

　太陽がスナネズミからできていたとしたら、地球は焼かれて灰になってしまうでしょう。太陽と小さな哺乳類の質量あたりの出力を比較してください。

解答は288ページへ

ヒント 太陽の出力と質量の比を計算してください。

ヒント スナネズミの熱出力との質量の比を計算してください。

ヒント すべての哺乳類は温血動物であるため、スナネズミと人間では、質量あたり熱出力比は、約10倍の違いしかありません(スナネズミの方が人間より断熱力が低いため、体温を保つにはスナネズミの方がこの比は大きくなければなりません)。

8.6 化学的な太陽

太陽が化学反応によってのみエネルギーを生成しているとしたら、現在の出力のままどのぐらいの期間、燃焼し続けることができるでしょうか。

解答は291ページへ

ヒント 太陽の出力は、4×10^{26} W です。

ヒント 太陽の質量は、$M_{Sun} = 2 \times 10^{30}$ kg です。

ヒント 太陽がガソリンからできているとしたら、それに含まれる化学エネルギーはどのぐらいでしょうか？

ヒント 酸素は無視してください。酸素を考えに入れても結果は3倍しか違いません。

ヒント ガソリンには、約 4×10^7 J/kg のエネルギーが含まれます。

8.7
隣り合わせの超新星

　30光年の距離にある星が超新星になった（さらに、質量の大半がすべての方向に均一に分散された）場合、その質量のうちどのぐらい（kg単位）が地球に到達するでしょうか。1光年は、光が1年間に達する距離で、1光年 = 3×10^8 m/秒 × $\pi \times 10^7$ 秒 = 10^{16} m です。その星が新星になったときに、クリプトン星がその星を周回していたとしたら、その質量のうちどのぐらい（kg単位）が地球に到達するでしょうか。

解答は294ページへ

ヒント 星の質量は、膨張した球体の表面に均一に分散されます。その質量が太陽系を通過したときの球体の半径は30光年です。

ヒント 地球の面積と半径30光年の球体の面積を比較してください。

ヒント 新星になった星の大きさは、太陽の約10倍です。

ヒント 太陽の質量は 2×10^{30} kgです。

ヒント 星の質量を、前の問題の惑星の質量で置き換えてください。

ヒント 地球の質量は、6×10^{24} kgです。

8.8
溶けた氷床

地球上の氷床が溶けた場合、海面はどのぐらい上昇するでしょうか。

解答は297ページへ

| ヒント | 陸上の氷床が溶けると、水位が上昇します。浮氷（北極の氷床など）が溶けても、それは既に水の重量と置き換わっているため、水位は上昇しません。 |

| ヒント | メルカトル図法では、グリーンランドは大きく見えます。それは無視してください。 |

| ヒント | 南極大陸は地球の表面面積のどのぐらいの割合を占めているでしょうか。地球全体を覆うには、南極大陸のコピーがどのぐらい必要でしょうか。1、10、100、…？？？ |

| ヒント | 南極大陸は南緯66度の南極圏内に全体が納まっています。 |

| ヒント | 氷床の厚さはどのぐらいでしょうか？ |

| ヒント | 氷床の厚みは約2kmです。 |

| ヒント | 1kgの水は、1kgの氷とほぼ同じ体積です。 |

8.1 例解

速度を推定するには、移動距離とその経過時間が必要です。地球は太陽の周りを一周するのに1年間かかります。移動距離は公転軌道の円周です。円の半径は、地球から太陽までの距離、つまり $R = 1.5 \times 10^{11}$ m です。したがって、地球の速度は次のとおりです。

$$v = \frac{\text{移動距離}}{\text{経過時間}} = \frac{2\pi \times 1.5 \times 10^{11} \text{m}}{1 \text{年}} = \frac{2\pi \times 1.5 \times 10^{11} \text{m}}{\pi \times 10^{7} \text{s}}$$
$$= 3 \times 10^{4} \text{m/s}$$

つまり、地球は時速10万kmです。かなり速いです。

運動エネルギーを推定するには、地球の質量も必要です。Googleで検索できるでしょうが、そのような方法から学ぶことは何もないでしょう。それを推定してみましょう。推定する方法は数通りあります。地球の質量と地表の重力加速度に関する数式を知っている場合は、それを使用できます[注1]。代わりに、地球の体積と密度から質量を推定することもできます。地球の半径が $R = 6 \times 10^{3}$ km すなわち 6×10^{6} m であることはわかっています。球の体積を求める数式を覚えていれば、$V = \frac{4}{3}\pi R^{3}$ を使用できます。数式を忘れた場合でも、球の体積が、

[注1] 物理学者なら $g = GM/R^{2}$ を使用できます。ここで、重力加速度 $g = 10$ m/s^{2}、ニュートン定数 $G = 7 \times 10^{-11}$ N・m^{2}/kg^{2}、R は地球の半径です。

球の直径と辺の長さが等しい立方体の体積の約半分であるという事実（$V = \frac{1}{2}(2R)^3 = 4R^3$）を使用できます。これで、地球の体積がわかります。

$$V = \frac{4}{3}\pi R^3 = 4 \times (6 \times 10^6 \text{m})^3 = 10^{21} \text{m}^3$$

（ここでは、$\pi = 3$の近似値を使用します。本書の目的の場合、これで十分です）

地球の密度が水（10^3kg/m^3）より大きく、鉄（$8 \times 10^3 \text{kg/m}^3$）より小さいことはわかっています。地球の密度として、$3 \times 10^3 \text{kg/m}^3$を使用します。地球の質量は次のようになります。

$$M_{Earth} = d \times V = 3 \times 10^3 \text{kg/m}^3 \times 10^{21} \text{m}^3 = 3 \times 10^{24} \text{kg}$$

地球の実際の質量は約2倍で、6×10^{24}kgです。これは地球の密度がおよそ6で、予想よりかなり鉄に近いことを示しています。

これで、太陽を公転する地球の運動エネルギーを計算できます。

$$\begin{aligned}\text{KE}_{Earth} &= \frac{1}{2}mv^2 = \frac{1}{2} \times 6 \times 10^{24} \text{kg} \times (3 \times 10^4 \text{m/s})^2 \\ &= 3 \times 10^{33} \text{J}\end{aligned}$$

大量のエネルギーです！

8.2 例解

隕石の運動エネルギーを推定するには、その質量と速度を知る必要があります。隕石の密度を推定し、その密度と体積から質量を計算します。問題では、隕石が球状または立方体状であるか、さらにサイズが半径または直径のどちらを示しているかが明示されていないため、私たちがやり易い仮説を設けます。この場合、隕石は立方体であるものとします。したがって、体積は$V = (1\,\text{km})^3 = 1\,\text{km}^3$です。半径1kmの球体であれば体積は4倍大きくなり、直径1kmの球体であれば体積は半分になります。

ここで、密度を推定する必要があります。今度も、密度は水の密度と鉄の密度の間の値です。隕石の中には鉄のものと岩のものがあることがわかっています。鉄の方が影響が強烈なため、鉄の密度を使用します(隕石を岩だと想定した場合は、2で割ればよいのです)。つまり、隕石の質量は次のとおりです。

$$m = V \times d = 1\,\text{km}^3 \times \left(\frac{10^3\,\text{m}}{1\,\text{km}}\right)^3 \times 8 \times 10^3\,\text{kg/m}^3$$
$$= 8 \times 10^{12}\,\text{kg}$$

ここでは、$\left(\dfrac{10^3\,\text{m}}{1\,\text{km}}\right)^3 = 10^9\,\text{m}^3/\text{km}^3$として$\text{km}^3$から$\text{m}^3$

に変換する必要がありました。十分注意してください。逆にしたり、混同したりすると、10^{18}という間違った値になります。それは、本書においてさえ大きな間違いです。

次に、隕石の速度を推定します。地球の公転速度は3×10^4m/sです。この速度は、太陽の重力場における地球の軌道に基づいています。隕石も、太陽のまわりを周回しています。そのため、隕石の速度が地球の速度にかなり近いと考えるのが理にかなっています（1/2～2倍以内）。隕石は正面から地球に衝突する可能性もあれば（相対速度は、6×10^4m/s）、背後からゆっくりと地球に衝突する可能性もあります（相対速度は、1×10^4m/s未満に過ぎません）。ここでは、衝撃速度として3×10^4m/sを使用します。地球に衝突したときの隕石の運動エネルギーは、次のようになります。

$$\mathrm{KE}_{\mathrm{meteorite}} = \frac{1}{2}mv^2 = \frac{1}{2} \times 8 \times 10^{12}\mathrm{kg} \times (3 \times 10^4 \mathrm{m/s})^2$$
$$= 4 \times 10^{21}\mathrm{J}$$

これは地球の運動エネルギーに比べるとかなり小さいため、隕石が地球の軌道を変えることはありません。ただし、4×10^9J/tのTNTでは、これは10^{12}tすなわち10^6MtのTNTに含まれるエネルギーに相当します。かなり大量です。

［18］によれば、直径700mの隕石は、10^4～10^5Mtの威力を発揮し、中規模の州（ヴァージニア州など）に

相当する領域を破壊します。このサイズの隕石は、10^5年ごとに地球に衝突すると予測されています。

恐竜を殺した隕石は、10kmのサイズだったと推定されています。小さい隕石が大規模な絶滅を招いたかどうかは疑問です。

ただし、逃げることを忘れないでください。

8.3 例解

ここでは、私たちの体と太陽までの距離についての知識を使用して、太陽の半径を決定します。

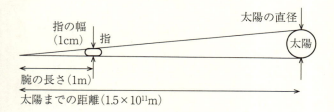

腕を差し出し、その長さのところで指を立てると、指の幅で太陽の像が覆われます。つまり、指と太陽はどちらも同じ角度の線上にあります。これは、指のサイズを指までの距離で割った値と、太陽のサイズを太陽までの距離で割った値が等しいことを意味しています。図を見てください（縮尺比は正確ではありません）。指の幅は、約 $1\,\text{cm} = 10^{-2}\,\text{m}$ です。腕の長さは、約 $1\,\text{m}$ です。太陽までの距離は、$1.5 \times 10^{11}\,\text{m}$ です。そのため、次の式が成り立ちます。

$$\frac{\text{太陽のサイズ}}{\text{太陽までの距離}} = \frac{\text{指のサイズ}}{\text{腕の長さ}}$$

$$\text{太陽のサイズ} = \frac{\text{指のサイズ}}{\text{腕の長さ}} \times \text{太陽までの距離}$$

$$= \frac{10\mathrm{m}^{-2}\mathrm{m}}{1\mathrm{m}} \times 1.5 \times 10^{11}\mathrm{m} = 1.5 \times 10^{9}\mathrm{m}$$

これは、太陽の片側から反対側までの距離、つまり直径である点に注意してください。この値は実際に正しく、誤差は10%以内です。人は現実に、宇宙の計測基準になります。

ここで、$M_{Sun} = 2 \times 10^{30}\mathrm{kg}$ を使用して太陽の密度を計算できます。太陽の質量を調べなくても、太陽の質量は地球の質量の100万倍であるという小学校の頃に学習した内容を覚えているはずです [注2]。密度は、質量を体積で割った値です。

$$d = \frac{M_{Sun}}{V} = \frac{M_{Sun}}{\frac{4}{3}\pi R^3}$$

$$= \frac{2 \times 10^{30}\mathrm{kg}}{4 \times (7 \times 10^{8}\mathrm{m})^3} = \frac{2 \times 10^{30}\mathrm{kg}}{1.4 \times 10^{27}\mathrm{m}^3}$$
$$= 1.4 \times 10^{3}\mathrm{kg/m}^3$$

これは、水の密度をわずかに上回っているだけです。ガ

[注2] 地球の公転期間と地球にかかる重力加速度（太陽によってもたらされている）により、太陽の質量を計算することもできます。ただし、それは本書の対象外です。

スの外層の低密度が、太陽の中心のかなりの高密度を相殺しているに違いありません。

8.4 例解

　地球の軌道上の太陽の出力密度は 1,400W/m² で、毎秒 1m² あたり 1,400J が通過していることになります。これは、太陽から同じ距離にあるすべてのポイントで、太陽出力密度が同じであることを意味しています。私たちは宇宙空間にいるため、雲や夜間のために太陽エネルギーが低減することを心配する必要はありません。太陽から地球までの距離は、$R = 1.5 \times 10^8$km すなわち 1.5×10^{11}m です。つまり、太陽から距離 R のすべてのポイントの合計面積を見い出す必要があります。これらのポイントは、太陽を中心とした球面を形成します。この球の面積は、次のように求められます。

$$A = 4\pi R^2 = 12 \times (1.5 \times 10^{11} \text{m})^2 = 2.5 \times 10^{23} \text{m}^2$$

そのため、太陽の出力の合計は、出力密度に面積を掛けた値になります。

$$P = \text{太陽出力密度} \times \text{球面の面積}$$
$$= 1.4 \times 10^3 \text{W/m}^2 \times 2.5 \times 10^{23} \text{m}^2 = 4 \times 10^{26} \text{W}$$

実際は 3.6×10^{26}W であるため、私たちの回答は四捨五入すれば正解です。

　このことは、私たちの生活にどのような関連性がある

のでしょうか。太陽エネルギーの合計によって、私たちがいつ究極のエネルギー危機に直面するかが決まります。石油価格の高騰、石油の枯渇、オイルシェールやタールサンドについては忘れてください。それらは、軽微な問題に過ぎません。人間のエネルギー消費の究極の限界は、太陽の総エネルギー出力です。

1年間に太陽が放出するエネルギーは、次のとおりです。

$E = 4 \times 10^{26} W \times \pi \times 10^7 秒/年 = 10^{34} J/年$

2003年には、人は約 $4 \times 10^{20} J$ のエネルギーを使用しました [19]。つまり、私たちは究極的にエネルギー出力を $10^{34}/4 \times 10^{20} = 2 \times 10^{13}$(20兆)倍まで増やすことができます。これは大量に聞こえます。確かに大量です。

米国エネルギー省は、エネルギー使用量は今後25年間、毎年約2％ずつ増え続けていくと予測しています。それほど多いようには見えません。では、エネルギー使用量が毎年ほんの2％ずつ増え続けた場合、どのぐらいの期間で限界に達するかを見てみましょう。1年でエネルギー使用量は1.02倍に増え、2年で $(1.02)^2$ = 1.04倍、3年で $(1.02)^3$ = 1.06倍、100年では $(1.02)^{100}$ で約7倍に増えます。なかなか答えに近づきません。近道をしましょう。$1.02^n = 2 \times 10^{13}$ とすると、$n = \log(2 \times 10^{13}) / \log(1.02) = 1550$ です

[注3]。したがって、今から1550年後（西暦3550年）にエネルギー使用量は、

$$F = (1.02)^{1550} = 2 \times 10^{13}$$

に達し、太陽が放射するすべてのワットを使用することになります。

真のエネルギー危機がやってきます！　地球最後の日は3550年に到来します！

この演習が実際に示していることは、遥かかなたの将来の指数関数的な増加を推定することのばからしさです。

[注3] ここでlogを使用したことをお詫びします。

8.5 例解

これは、2通りの方法のどちらかで推定することができます。太陽とスナネズミのそれぞれについて出力を質量で割るか、またはスナネズミの大群の総出力が太陽の出力と等しいと仮定して推定することができます。

では、比から始めましょう。太陽については、既に出力（$P_{Sun} = 4 \times 10^{26}$W）と質量（$M_{Sun} = 2 \times 10^{30}$kg）が推定されているので簡単です。したがって、太陽の出力密度は次のようになります。

$$P_{Sun} = \frac{P}{M} = \frac{4 \times 10^{26} \text{W}}{2 \times 10^{30} \text{kg}} = 2 \times 10^{-4} \text{W/kg}$$

スナネズミの出力密度は、多少厄介です。人の出力は既に推定されています。スナネズミと人はどちらも哺乳類であるため、代謝率はある程度同じだと考えられます。ただし、人の方がかなり大きいため、断熱力がはるかに高く、放射する熱は比較的少なくなります。

人の身長は約1m（確かに10cmより高く10mより低い）です。スナネズミは約10cm（1cmより高く1mより低い）です。したがって、スケールで人は約10倍のため、断熱部分も約10倍厚くなります。つまり、スナネズミは、人より約10倍多くの熱（単位質量あたり）を放射します。

人の出力密度を計算し、それをスナネズミに合わせて調整します。人の質量は約100kgで、出力は約100Wです（問題7.3.1を参照）。つまり、人の出力密度は大体、次のようになります。

$$P_{human} = \frac{P}{M} = \frac{100\text{W}}{100\text{kg}} = 1\text{W/kg}$$

スナネズミの出力密度は、さらに大きいかもしれません。

したがって、スナネズミの出力密度は太陽に比べ最低でも10^4倍は大きくなります。つまり、太陽がスナネズミでできていたとしたら、10^4倍の出力で放射することになります。これは、地球の表面温度を300K（25℃）から3,000K（3,000℃）へと、10倍上昇させます[注4]。これは、かなり不快です（不幸なスナネズミと同じぐらい不快でないとしても）。

核反応によってエネルギーを得ている太陽が、化学反応によってエネルギーを得ているスナネズミより強力ではないとは（重量比で見て）、まったくの予想外です。

もちろん、これはかなりばかげた問題です。太陽は数十億年の間、その燃料をみずからまかなってきましたが、スナネズミはそうではありません。100億年の間、スナネズミが必要とする食物、水、酸素をすべて含めると、太陽の方がはるかに勝っています。人は、1日に約

[注4] 放射の出力は温度の4乗に比例するため、$P \propto T^4$です。

1kgの食物を食べます。つまり、1年間では、体重の数倍の食物を食べています。10億年では、体重の数十億倍の食物を食べることになります。これは、10^4倍を遥かに上回っています。

8.6 例解

太陽に含まれる化学燃料は、せいぜい $M = 2 \times 10^{30}$ kg です。最大エネルギーは、太陽がガソリン（既に計算済み）と酸素からできていると仮定するか、または最適な燃料を調べることで推定できます。最初にガソリンについて考えてみましょう。その方が簡単だからです。ガソリン（本書では CH_2）のエネルギー密度は、約 4×10^7 J/kg です。ここでは酸素を無視することにすると、太陽の総エネルギー含量は、次のとおりです。

$$\begin{aligned} E_{Sun} &= 質量 \times エネルギー密度 \\ &= 2 \times 10^{30} \text{kg} \times 4 \times 10^7 \text{J/kg} = 8 \times 10^{37} \text{J} \end{aligned}$$

太陽は $P = 4 \times 10^{26}$ J/s の速度でエネルギーを放射するため、このエネルギーの持続期間は次のようになります。

$$\begin{aligned} T_{Sun} &= \frac{エネルギー量}{出力} = \frac{8 \times 10^{37} \text{J}}{4 \times 10^{26} \text{J/秒}} \\ &= 2 \times 10^{11} 秒 \times \frac{1 年}{\pi \times 10^7 秒} \\ &= 10^4 年 \end{aligned}$$

それほど長期間ではありません。人による農耕は、約

10^4 年前に始まりました。ガソリンの約 2/3 を、ガソリンを燃焼するために必要な酸素で置き換えると、期間はさらに短くなります。

おそらく、純粋な水素または他の燃料を酸化することで、もっと多くのエネルギーを得ることができます。ただし、桁が変わるほどは増えないため、その計算に費やす労力に価値はありません。

この事実は、19世紀の物理学者を大いに悩ませました。ウィリアム・トムソンは、熱力学の偉大な発見によってケルヴィン卿として英国貴族の称号を得た人ですが、1862年にこのことについて記述しています [20]。彼は、既知のものの中で最も強力な化学反応でも、太陽はたった 3,000 年しかエネルギーを生成できないことを発見しました。さらに、重力による位置エネルギーを計算しましたが、太陽の中に物体が落ち込むことで生成するエネルギーでは最大でも 10^7 年のエネルギーしか提供できないという結果でした。この計算は、太陽自体がその中に落ち込んでいけるようなより小さな物体から構成されていることを前提にしていました。

この結論は、当時の地質学上の岩石の年代と矛盾していました。そのため、ケルヴィンは次のようにまとめています。

> 将来的に、現在では未知の資源が地球の巨大な貯蔵所に用意されていないかぎり、地球の住民は、今後、数百万年の間、生活に不可欠な光と熱

を享受し続けることはできないと、確信をもって言うことができる。

　もちろん、ケルヴィンのまとめに対する答えは核エネルギーです。核エネルギーについては、次の第9章で取り上げます。

8.7 例解

星は、核融合からエネルギーを得ています。最初に水素をヘリウムに融合します。水素を使い果たすと、ヘリウムをより重い核に融合します。星が十分な大きさ（$M_{star} > 8 M_{Sun}$）の場合、最終的に、シリコンを鉄に融合します。星の中心核が鉄の場合、それ以上融合によるエネルギーは生成されません（鉄はもっとも緊密に結合した核を持つからです）。その後、中心核は冷却し、内側に向かって縮小します。縮小すると、重力位置エネルギーが運動エネルギーに変換されます（高いビルから水風船を落とした場合と同様です。ただ星の方がはるかに大量のエネルギーです）。この縮小のエネルギーの一部は、巨大な爆発を引き起こし、星の外側の部分を急速かつ激しく外方向へ吹き飛ばします [注5]。その後、中心核の残余物が中性子星またはブラックホールを形成します（星の初期質量によって最終的な運命は異なる）。

時間が経過するにつれ、星の放出された外側の部分は拡大する球面シェル状になって外方向へ拡散します。ある時点で、このシェルの一部が太陽系を通過します。通過した時点のシェルの半径は30光年になります。1光

[注5] これは家で規模を小さくして自分で試すことができます。テニスボールをバスケットボールの上に乗せ、それらを一緒に落とします（地面に達したときにテニスボールがバスケットボールの上に乗っているように、落とす際に多少調整する必要があります）。バスケットボールは陥落するコアの部分に相当します。テニスボールは、上方向に迅速に飛び出します。

年は、光が1年間に達する距離1光年＝$v \times t = 3 \times 10^8$m/秒×$\pi \times 10^7$秒＝$10^{16}$mです。したがって、その距離でのシェルの表面の面積は、次のようになります。

$$A_{shell} = 4\pi R^2 = 12 \times (30 光年)^2 = 12 \times (30 \times 10^{16}\text{m})^2$$
$$= 10^{36}\text{m}^2$$

放出された物質の質量は太陽の質量（$M_{Sun} = 2 \times 10^{30}$kg）の約10倍であるため、太陽系を通過したときの噴出物の密度を推定できます。

$$d = \frac{M}{A} = \frac{2 \times 10^{31}\text{kg}}{10^{36}\text{m}^2} = 2 \times 10^{-5}\text{kg/m}^2$$

あとは、地球に達する質量を計算するために必要な値は、地球の面積だけです。表面積（$4\pi R^2$）を使用できますが、その質量は地球の裏側には到達しません。幾何学的に正しい答えを導くには、断面の面積（πR^2）を使用する必要があります。不適切な面積を使用すると、4という因数だけでも答えが変わってしまいます。$A_{Earth} = \pi R^2 = \pi (6 \times 10^6\text{m})^2 = 10^{14}\text{m}^2$。したがって、地球に到達する新星の噴出物の総質量は、次のようになります。

$$m = 面積 \times 密度 = 10^{14}\text{m}^2 \times 2 \times 10^{-5}\text{kg/m}^2 = 2 \times 10^9\text{kg}$$

かなり大きな値ですが、表面の1m^{2}あたりでは20μg

(数mm^{3}の埃）に過ぎません。

　クリプトン星から地球に到達する質量を考える場合は、星の質量を惑星の質量で置き換える必要があります。地球の質量は太陽の約 $1/10^6$ であるため、クリプトン星の質量はその星の $1/10^6$ であると仮定します。つまり、2×10^9 kgの星屑が地球に到達する場合、クリプトン星からは $10^{-6} \times 2 \times 10^9$ kg $= 2 \times 10^3$ kgの質量が地球に到達します。したがって、クリプトン星からの質量は 2 t です。

　そうなりますよね、スーパーマン。

第8章 地球、月、そしてスナネズミ　　297

8.8 例解

　この問題を解くには、陸上の氷の体積を推測し、その後、その氷が溶けて海面を覆うように広がった場合の高さを算出する必要があります。これをするには、氷床の体積を推定し、それを地球の表面積（地球は3/4が海のため）で割るか、または氷床の高さを推定して、氷床と地球の面積比を使用して求めることができます。

　陸上の氷床だけが問題となるため、北極の氷床は無視します。グリーンランドは南極に比べかなり小さいため、南極についてのみ考えます。最初に、氷床の平均の高さを推定しましょう。科学者が70万年遡るために数kmの氷コアを掘削しているため、100mを優に超えていることは確かです。エベレストの高さが10^4m（10km）であるため、それより大幅に低いことも確かです。幾何学的に10^2mと10^4mの中間をとって、平均の高さとして10^3mを使用します。

　次に、南極の面積が必要です。実際に必要となるのは、南極と地球の相対面積です。南極の面積が、地球の面積の1/10である場合、10^3mの高さの氷床は1/10 × 10^3m = 100m海面を上昇させます。地球儀を見ると、南極大陸が南緯66度にある南極圏にすっぽり納まっていることがわかります。南極大陸が南緯70度を超える圏内全体を満たしているものと仮定します。南から北へ、さらに北から南へと世界を一周すると、南極圏のど

のぐらい分に相当するか考えてみましょう。南極大陸自体は、南緯70度から南緯90度の南極点を通過して反対側の南緯70度まで達しています。またがる緯度の範囲は40度です。

南極点から北極点を通過し南極点に再び戻って地球を一周すると緯度は360度です。したがって、南北を結ぶ円上に、南極大陸のコピーを360度/40度＝9個配置できます。赤道上の東西の円上に、南極大陸の別の9個のコピーを配置できます。地球の表面は球状のため、その上に9×9＝80個の南極大陸のコピーを配置できます。実際の数はそれより若干少なくなります。地球の表面積は南極大陸の表面積の50倍であると推定します。

別の方法として、南極大陸の面積を推定することができます。南極大陸は円であると仮定します。南極大陸の半径は、南極点から南緯70度まで、つまり、地球の外周の20度/360度すなわちR_{ant} = 20度/360度 × 2πR_{Earth} = 2×10³kmです。これから、面積$A_{ant} = \pi R^2_{ant} = 10^7$km²がわかります。これを地球の表面積と比較すると、50倍という結果もわかります。

つまり、南極大陸の1m²を覆う氷が溶けて広がると、50m²の水面を覆うことになります。南極大陸を覆う10³mの氷がある場合、溶けた水で海面が上昇する高さは次のとおりです。

$$h = \frac{10^3 m}{50} = 20m$$

これは、すべての沿岸の都市にとって不幸な数字と言わざるを得ません。実際に予測されている海面上昇は約80mです [21]。80m上昇しても、20m上昇しても結果に大きな差はありません。どちらも壊滅的です。

第9章
エネルギーと環境

　文明の進歩を測る基準の1つは、私達の取るに足りない労力を増幅するために使用する外部エネルギー源の量です。エネルギー源は、畜力から、水力、風力、主に化石燃料から生成される電力へと進化してきました。

9.1
人々への電力供給

アメリカまたはヨーロッパの1世帯が使用する電力量はどのぐらいでしょうか（平均）。

解答は319ページへ

> **ヒント** 電力は、どのくらいの速さでエネルギーを消費しているかを測る基準の1つであることを忘れないでください。電力（ワット［W］）は、1秒あたりに使用したエネルギー量（ジュール［J］）です。100Wの電球は、毎秒100Jを使用します。1kWhは、10個の100Wの電球が1時間に使用したエネルギー量、または1個の100Wの電球が10時間に使用したエネルギー量です。

> **ヒント** それぞれの動作時間が1日に占める割合を含め、さまざまな電化製品や電球が使用する電力を合計します。

> **ヒント** 別の方法として、通常の毎月の光熱費を基にして、1kWhあたり0.10ドルを支払うものと仮定します。

9.2
大陸の電力

アメリカ（またはヨーロッパ）が使用する電力はどのぐらいでしょうか。1年間ではどのぐらいの電気エネルギーを使用するでしょうか。

解答は322ページへ

| ヒント | アメリカの世帯数はどのぐらいですか？ |

| ヒント | 商業および産業での使用を考慮してどのぐらいの量を追加する必要がありますか？ |

| ヒント | 1年は $\pi \times 10^7$ 秒です。 |

9.3 太陽エネルギー

1年間に地球に到達する太陽エネルギーはどのぐらいでしょう。

解答は325ページへ

ヒント 地球の軌道での太陽エネルギーの密度は 1,400W/m² です。

ヒント 地球の表面積でなく、断面積を使用します。

ヒント $\pi \times 10^7$ 秒/年です。

ヒント 地球の半径は、$R = 6 \times 10^6$m です。

9.4
太陽エネルギー用の土地

　太陽エネルギーでアメリカの電気エネルギーのニーズを満たすにはどのぐらいの土地（km² 単位）が必要ですか。アメリカの土地面積の何割が必要ですか。

解答は327ページへ

ヒント 地球の軌道での大気圏外の太陽エネルギーの密度は、$1,400 W/m^2$ です。

ヒント 雲と夜のことを忘れないでください。

ヒント 太陽エネルギーを電気エネルギーに変換するソーラーパネルの効率はどのぐらいですか？

ヒント アメリカの面積はどのぐらいですか。本土の48州のみを含めます。

ヒント アメリカの面積は以前に推定しました。問題3.9を参照してください。

9.5
風車と戦う

　風力タービン（現代の風車）が生成できる電力はどのぐらいですか（タービン翼によって受風面積を通過する空気の運動エネルギーを考慮してください）。

解答は329ページへ

| ヒント | 現代の風力タービンは10階建てのビルと同じぐらいの高さです。 |

| ヒント | 1秒間に、翼の受風面積を通過する空気流量（kg単位）はどのぐらいですか？ |

| ヒント | 理に適った持続風速を選択します。 |

| ヒント | 空気の密度は、約 $1 kg/m^3$ です。 |

| ヒント | 空気の運動エネルギーはどのぐらいですか？ |

| ヒント | 風力タービンは、風力エネルギーの何割を電気エネルギーに変換しますか？ |

9.6 石炭の電力

1GWの石炭火力発電所ではどのぐらいの燃料が必要でしょうか。1年あたりのkg単位と1日あたりの100t貨車の車両数で表してください。発電所は1GWの電力を生成するために3GWの熱エネルギーを使用する点に注意してください。

解答は332ページへ

| ヒント | 発電所が1年間に使用する熱エネルギーはどのぐらいでしょうか。 |

| ヒント | 石炭はほとんど純粋な炭素です。 |

| ヒント | 石炭1kgには何モルの炭素が含まれるでしょうか？ |

| ヒント | 1モルの炭素の質量は12gです。 |

| ヒント | 炭素の1原子を燃焼してCO_2を生成すると1.5eVを得ることができます。詳細については、7.1節を参照してください。 |

9.7 原子核の電力

核反応には、一般に、核分裂と核融合の2つのタイプがあります。核エネルギーの生成や核爆発には、核分裂反応が使用されます。太陽と星は、核融合反応を使用して、太陽エネルギーを生成します。ウラニウムやプルトニウムなどの重い元素の原子核を分裂(分割)させると、約200MeV(メガ電子ボルト)のエネルギーが生成されます。4個の水素原子核(プロトン)を1個のヘリウム原子核に融合すると、28MeVのエネルギーが生成されます。核反応は、原子の質量の0.1〜1%をエネルギーに変換できます。1GW_eの原子力発電所が1年間に必要とする燃料の量はどのぐらいでしょうか。

解答は335ページへ

| ヒント | 原子力発電所は1GW$_e$の電力を生成するために3GWの熱エネルギーが必要です（前の問題の火力発電所と同様）。 |

| ヒント | ウランニウムの分裂可能な同位体は^{235}Uで、質量は235g/モルです。 |

| ヒント | 燃料には、^{235}Uは約5％しか含まれません。残りの^{238}Uは、比較的不活性です。 |

| ヒント | 核分裂ごとに約200MeVのエネルギーが生成されます。 |

9.8
舗装された地面

アメリカの土地面積の何割が不透水性（屋根の下にある、舗装されているなど）でしょうか。

解答は337ページへ

ヒント	ほとんどのアメリカ人は、一戸建て住宅に住んでいます。
ヒント	平均的な世帯の屋根の面積はどのぐらいですか？
ヒント	住宅の専有面積に比べ、商用ビルの専有面積はどのぐらいでしょうか？
ヒント	ビルごとの道路の長さはどのぐらいですか？
ヒント	アメリカの人口は、3×10^8 人です。
ヒント	アメリカの面積はどのぐらいですか。問題9.4を参照してください。

9.1 例解

平均の電力使用量を推定する方法は2通りあります。個々の電化製品の使用量を合計してボトムアップ方式で推定するか、電気代を基にしてトップダウン方式で1カ月に使用する電力エネルギーの合計を推定することができます。

まず、ボトムアップ方式から始めましょう。動作時間が1日のうちの大きな割合を占める電化製品を考えます。エアコン、コンロとオーブン、冷蔵庫、電球を考慮します。電子レンジ、温水器、洗濯機などはそれほど大きな差をもたらさないものと仮定します。

おそらく、5個の100W電球が毎日午後5時〜11時に点灯しています。冷蔵庫が使用する電力は1個の電球（100W）より多く、1台の室内暖房機（1,500W）より少ないことは確かです。そこで幾何平均をとって400Wだとしましょう。冷蔵庫に耳を近づければ、スイッチがオンかオフかは動作音が聞こえるかどうかでわかります。その時間（つまり、コンプレッサが稼働し、積極的に食物を冷却している時間）は1日の約1/4です。電気コンロと電気オーブンは、おそらく、1日に1時間ほど、室内暖房機より多くの電力（3×10^3W）を使用します。エアコンは、推定するのが厄介です。ルームエアコンは、室内のコンセントに接続されるため、室内暖房器とほぼ同じ電力（1,500W）を使用します。6

部屋ある場合は、エアコン（AC）が使用する合計電力は約10kWです。セントラルエアコンは個々のルームエアコンより効率が良く、使用電力はおそらく約半分でしょう。ここでは4月〜10月のACの平均使用量を求めましょう[注1]。

1年の中で最も暑い日の午後2時には、おそらく常にエアコンが稼働しています。10月の夜には、エアコンは使用されていないでしょう。その6カ月の間、エアコンの稼働時間が100%未満1%以上であることは確実です。幾何平均をとって、10%（つまり、1日あたり2.4時間）と推定します。ここまでで明らかになったことは次のとおりです。

項目	最高時の電力 (kW)	使用時間 (時間/日)	平均電力 (kW)
照明	0.5	5	0.1
冷蔵庫	0.4	12	0.2
コンロ	3.0	1	0.1
セントラルAC	5.0	2.4	0.5
合計			0.9

平均的な家庭は、平均0.9kWの電力を使用します。

[注1] アメリカまたはヨーロッパの中央地域に住んでいると仮定します。11月〜3月は暖房を入れる季節で、4月〜10月は冷房を入れる季節です。また、暖房と冷房にかかるコストは等しいと仮定します。結果は居住地によって異なりますが、おそらく1/10〜10倍以内です。

では、別の方向から問題に取り組んでみましょう。通常の毎月の電気代（これは、kWではなくkWhに対して支払うため、実際の使用エネルギーに対する金額です）は、約100ドルです。アメリカでは平均価格は1kWhあたり0.10ドルのため、毎月 $P=$ \$100/(\$0.10/kWh) $= 10^3$kWhを使用していることになります。24時間/日×30日/月＝700時間/月であるため、平均電力消費量は次のようになります。

$$P = \frac{使用エネルギー}{経過時間}$$

$$= \frac{10^3 \text{kWh}}{700 \text{ 時間}}$$

$$= 1.4 \text{kW}$$

どちらの方式も1/2 〜 2倍以内で同じ答えです。

9.2 例解

これを推定する方法は2通りあります。生成された電力、または消費された電力のどちらかを推定できます。アメリカまたはヨーロッパの総消費電力を推定するには [注2]、住居、商業、および産業で使用された電気量の合計を求める必要があります。アメリカの1世帯が1kWの電力を使用することは既に推定しました。したがって、総世帯数を推定する必要があります。

アメリカ人は 3×10^8 人います。1世帯あたり2〜3人のため、約 10^8 世帯があります。住居の総電力使用量は、次のとおりです。

$$P_{res} = 10^3 \text{W/世帯} \times 10^8 \text{世帯} = 10^{11} \text{W}$$

おそらく、商店やオフィスのスペースと居住スペースはほぼ同じため、商業での電力使用量と住居での電力使用量も、ほぼ同じ 10^{11}W です。

産業における電力使用量は、おそらく、住居または商業での使用量の1〜10倍であるため、幾何平均をとって3倍、つまり 3×10^{11}W と見積もります。

そのため、アメリカで使用される総電力は次のように

[注2] アメリカとヨーロッパは、人口と生活水準がほぼ同じため、ほぼ同量の電力を消費します（少なくとも本書の精度では）。

なります。

$$P_{elec} = 10^{11}\text{W} + 10^{11}\text{W} + 3 \times 10^{11}\text{W} = 5 \times 10^{11}\text{W}$$

　ここで、生成される総電力を推定してみましょう。国内の電力の約10%を生成する約100の原子力発電所があるとどこかで読みました。各発電所が約1GW（10^9W）を生成します。したがって、生成される総電力は生成される原子力の約10倍で、次のようになります。

$$P = 10 \times 原子力発電所の数 \times 発電所あたりの生成電力$$
$$= 10 \times 10^2 \times 10^9 \text{W} = 10^{12}\text{W}$$

2つの推定値は、1/2 〜 2倍以内です。

　次に、1年間にアメリカで使用される総電力エネルギーを計算してみましょう。エネルギーは、電力に時間を掛けた値です。

$$E = P \times t = 10^{12}\text{W} \times \pi \times 10^7 秒/年 = 3 \times 10^{19}\text{J}$$

確かに大量のエネルギーです（アルファ・ケンタウリへのロケット船ほどではありませんが）。

　これを実際の値と比べてみます。CIA World Factbook [22] によると、アメリカが2003年に使用した電力は3.6×10^{12}kWhです。これをJに変換する必要があります。

$$E = 3.6 \times 10^{12} \text{kWh} \times \frac{10^3 \text{W}}{1 \text{kW}} \times \frac{60 \text{ 秒}}{1 \text{ 分}} \times \frac{60 \text{ 分}}{1 \text{ 時間}}$$
$$= 1.3 \times 10^{19} \text{J}$$

私たちの答えは、1/2 〜 2 倍の範囲を少しはみ出ました。

9.3 例解

太陽の出力密度は $1,400 \mathrm{W/m^2}$ であることがわかっているため、エネルギーを受け取る時間と面積を推定する必要があります。2つの理由から、地球の表面積 ($A = 4\pi R^2$) は使用できません。(1) 半分は暗闇 (つまり夜) であり、(2) 光の入射角により緯度が高くなるほど光量が減少するためです。

地球の中心を通る断面を想像します。その円は太陽に対して垂直で、すべての太陽光は真上からその面に到達します。この円の面積 (問題8.7の新星の破片について使用したものと同じ) を使用します。求めたい面積は次のようになります。

$$A = \pi R^2 = \pi \times (6 \times 10^6 \mathrm{m})^2 = 10^{14} \mathrm{m^2}$$

これで、エネルギーを計算できます。

$$\begin{aligned} E &= 1.4 \times 10^3 \mathrm{W/m^2} \times 10^{14} \mathrm{m^2} \times \pi \times 10^7 \text{秒/年} \\ &= 4 \times 10^{24} \mathrm{J/年} \end{aligned}$$

これは、ロッキー山脈やアルプス山脈を平坦化して得ることのできるエネルギーより大量です。

問題8.4の例解で説明したとおり、2003年に人が使用したエネルギーは $4 \times 10^{20} \mathrm{J}$ です。そのため、人は地

球に到達する太陽エネルギーの、

$$f=\frac{4 \times 10^{20} \text{J/年}}{4 \times 10^{24} \text{J/年}}=10^{-4}$$

の比率に相当するエネルギーを使用していることになります。もちろん、使用した大半のエネルギーは、化石燃料に含有された古代の太陽エネルギーから派生しています。

　つまり、もし私たちがエネルギー使用量を100倍に増加させたとしても、使用可能な太陽エネルギーの１％しか使用していないことになります。仮に、エネルギー使用量が年間２％ずつ増加すると、230年ほどで使用量は太陽エネルギーの１％に達してしまいます。

9.4 例解

　初めに大気圏外の太陽の出力密度を考え、次に大気、雲、夜の影響およびソーラーパネルの変換効率を考慮します。

　太陽の出力密度は、$1.4 \times 10^3 \mathrm{W/m^2}$ です。その約半分が地上に到達します（晴れた日の正午ころなら）。雲と夜の影響を含めると、全光量は約1/10減少し、$140 \mathrm{W/m^2}$ になります。ソーラーパネルの効率は約10％のため、平均して約 $14 \mathrm{W/m^2}$ の電力が生成されます。

　問題9.2から、アメリカでは平均 $5 \times 10^{11} \mathrm{W}$ が使用されることがわかっています。したがって、必要となる面積は次のとおりです。

$$A_{solar\ cell} = \frac{使用電力}{面積当たりの電力} = \frac{5 \times 10^{11} \mathrm{W}}{1.4 \times 10^1 \mathrm{W/m^2}}$$
$$= 4 \times 10^{10} \mathrm{m^2}$$

ここで $(1\mathrm{km})^2 = (10^3 \mathrm{m})^2 = 10^6 \mathrm{m^2}$ です。つまり、必要な面積は $A = 4 \times 10^4 \mathrm{km^2}$ です。これは、1辺が200kmの正方形です。

　大量の土地に見えますが、アメリカは非常に広大な国です。この面積とアメリカの面積を比べてみましょう。アメリカ本土の面積は、問題3.9で $A = 10^7 \mathrm{km^2}$ として推定済みです。

そのため、すべての電気エネルギーを提供するために太陽エネルギー電池（太陽電池）を使用した場合に必要となる土地がアメリカの土地面積に占める割合は、次のとおりです。

$$f = \frac{太陽電池の面積}{アメリカ本土の面積} = \frac{4 \times 10^4 \mathrm{km}^2}{10^7 \mathrm{km}^2} = 4 \times 10^{-3}$$

太陽電池にアメリカの全土地面積の0.4%を使用する必要があります。

これは、3つの理由から驚くほど高価です。第1に、太陽電池は非常に高価です。取り付け費用がWあたり約10ドル（2006年）であるため、5×10^{11}Wでは5兆ドルかかります。第2に、太陽エネルギーを得るために最適な場所（砂漠など）は、多くの場合、人口密集地から離れているため、高額な長距離送電が必要となります。第3に、日中に蓄電し、夜間に電力を供給するために、驚くほどの数の電池が必要です。

第9章　エネルギーと環境　329

9.5 例解

　風力タービンは、風の運動エネルギーを電気エネルギーに変換します。そのため、風力タービンが生成できる電力を推定するには、最初に使用可能な運動エネルギーを推定する必要があります。それを推定するには、空気流量と風速が必要です。翼によって受風面積を通過する空気流量は、翼による受風面積と風速によって決まります。最初に、風速を推定します。

　風力タービンは風の強い場所に設置されています。通常の持続風速は、10〜15m/sです（これより小さい場合は風の強い場所とはいえず、これより大きいことは考えにくい）。適度な概数であるため、10m/sを使用します。後で、最終的な答えが風速によってどのように異なるかを考えます。

　現代の風力タービンは、10階建てのビルと同じぐらいの高さです（中にはさらに高いものもあります）。1階あたり約4mのため、風力タービンの高さは約40mです。つまり、翼の長さが40mで、翼による風を受ける円の面積は$A = \pi r^2 = 3 \times (40\text{m})^2 = 5 \times 10^3 \text{m}^2$です。

　風速が10m/sとすると、空気は1秒間に10m進みます。したがって、1秒間に、$V = 10\text{m} \times 5 \times 10^3 \text{m}^2 = 5 \times 10^4 \text{m}^3$の空気がタービン翼によって受風面積を通過します。密度が1kg/m^3のため、空気の重量は$m = 5 \times 10^4 \text{kg}$です。そのため、50tの空気が毎秒ブレードに

よる受風面積を通過します。

これで、1秒間の空気量の運動エネルギーを計算できます。

$$KE_{air} = \frac{1}{2}mv^2 = \frac{1}{2} \times 5 \times 10^4 \text{kg} \times (10\text{m/s})^2 = 3 \times 10^6 \text{J}$$

したがって、タービン翼の受風面積を通過する風の電力は、3×10^6Wすなわち3MWです。大量の電力が使用可能です。

次に、空気から運動エネルギーを抽出し、それを電気エネルギーに変換する風力タービンの効率を推定する必要があります。効率は、1％以上（かなり低い効率であるため）100％未満（風が完全に停止してしまうため）であるはずです。幾何平均をとって効率は10％と推定します。つまり、10m/sの一定の風速で風力タービンから得られる使用可能な電力は、3×10^6Wの10％で、3×10^5W（300kW）となります。

ここで、風速の影響を考えてみましょう。風速が2倍になると、運動エネルギーの速度も等しく2倍になるため、運動エネルギーは4倍になります（速度の2乗になるため）。ただし、タービン翼の受風面積を通過する空気の質量も2倍になるため、風速が2倍になると、使用可能なエネルギーは$2^3 = 8$倍に増えます。したがって、この例の40mのタービンでは風速10m/sで300kWを生成するため、風速20m/sでは8倍の2.4MWに増えます。

最後に現実と比べてみましょう。Danish Wind Industry Association（デンマーク風力発電産業協会）[23]によれば、現代の最大耐容風速25m/sの直径92mの風力タービン翼は、公称出力2.75MWで、平均電力は約1MWです。ここで仮定したタービンは20m/sで2.4MWを生成するため、推定結果はかなり現実に近いと言えます。

　残念ながら、風力エネルギーだけでは、十分信頼できるベース電源とはなりえません。これが、より良い電池が要求されるもう1つの理由です。

9.6 例解

1GWの発電所が年間に必要とする石炭の量を算出するには、1年間に必要な熱エネルギーと石炭のエネルギー密度を推定する必要があります。石油、ガス、石炭、および原子力の各発電所は、燃料からの熱を使用して、水を沸騰させ、蒸気を使用してタービンを回転させ、電力を生成します。熱エネルギーの約1/3のみが電気エネルギーに変換されます。他の2/3は熱として放射されます。そのため、1年間に、1GWの電力発電所は燃料を燃焼して、以下の熱エネルギーを生成する必要があります。

$$E_{year} = 1\,GW \times 3 \times \pi \times 10^7 秒/年 = 10^{17} J/年$$

この熱エネルギーは、石炭の化学エネルギーから発生します。1原子の炭素を燃焼すると、1.5eVのエネルギーが生成されます。1モルの炭素の質量は12g = 1.2×10^{-2}kgです。したがって、1kgには$1/1.2 \times 10^{-2}$ = 80モルが含まれます。1モルには6×10^{23}個の原子があります。つまり、1kgの石炭に含まれる化学エネルギーは次のようになります。

$$E_{coal} = \frac{1.5\,eV}{1\,原子} \times \frac{6 \times 10^{23}原子}{1\,モル} \times \frac{2 \times 10^{-19}\,J}{1\,eV} \times \frac{80\,モル}{1\,kg}$$

$$= 10^7 \text{J/kg}$$

別の方法として、ガソリン（CH_2）の場合の結果を2で割ってもかまいません。これは、H_2を燃焼して得られるエネルギーと、Cを燃焼して得られるエネルギーはほぼ等しく、しかもH_2はCと比べて質量がとても小さいからです。この場合、エネルギー密度は、$1/2 \times 4.5 \times 10^7 \text{J/kg} = 2 \times 10^7 \text{J/kg}$です。

現実の値と比べると、石炭のエネルギー密度は10〜30MJ/kg［15］のため、1/3〜3倍以内です。

これで、発電所を1年間稼働させるために必要な石炭の量を計算できます。

$$M_{coal} = \frac{\text{必要なエネルギー量}}{\text{石炭のエネルギー密度}} = \frac{10^{17} \text{J/年}}{2 \times 10^7 \text{J/kg}}$$
$$= 5 \times 10^9 \text{kg/年}$$

これは、500万tの石炭です。大量の石炭です。

それがどのぐらいの量に相当するか感覚をつかみましょう。実際には、1tの石炭も想像できません。500万tなどなおさらです。1両の貨車は約100tの石炭を搬送できます。非常に長い列車では、100両の貨車が接続されます。つまり、5×10^6tの石炭を搬送するには、5×10^4両の貨車が必要で、500の100両列車が編成されます。つまり、この場合の発電所では毎日1回以上の100両列車分の石炭が必要です。

すごい。実際にかなり大量の石炭です。

9.7 例解

原子力発電所が、1年間に1GWの電気エネルギーを生成するために必要な熱エネルギーは、火力発電所の場合と同じです。そのため、前の問題9.6で既に$E = 10^{17}$J/年が必要なことがわかっています。

この熱エネルギーは、^{235}Uの核分裂から発生します。^{235}Uの1原子の核分裂で、約200MeV（2×10^8eV）のエネルギーが生成されます。1モルの^{235}Uの質量は235gで、約0.24kgです。つまり、4モル/kgです。したがって、^{235}Uのエネルギー密度は次のようになります。

$$E_{^{235}U} = \frac{2 \times 10^8 \text{eV}}{1\text{原子}} \times \frac{6 \times 10^{23}\text{原子}}{1\text{モル}} \times \frac{2 \times 10^{-19}\text{J}}{1\text{eV}} \times \frac{4\text{モル}}{1\text{kg}}$$
$$= 8 \times 10^{13} \text{J/kg}$$

これは、石炭の800万倍のエネルギー密度です。ただし、^{235}Uは核燃料に5％しか含まれないため、この値は大きすぎます。他の95％は、比較的不活性な^{238}Uです。つまり、実効エネルギー密度は、8×10^{13}J/kgの5％で、$E_U = 4 \times 10^{12}$J/kgとなります。

1年間で、1GWの原子力発電所には、

$$M_U = \frac{必要なエネルギー量}{ウラニウムのエネルギー密度} = \frac{10^{17} \text{J/年}}{4 \times 10^{12} \text{J/kg}}$$
$$= 2 \times 10^4 \text{kg/年}$$

^{235}U を5%含むウラニウムが20 t 必要です。ウラニウムの密度は約 $2 \times 10^4 \text{kg/m}^3$ のため、このウラニウムの質量は一辺が1 mの立方体に相当します。つまり、原子力発電所の1年間分の燃料は、ダイニングルームのテーブルの下に納まる量です[注3]。

[注3] 2つの理由からテーブルの下に燃料を保管しておくことはお勧めしません。(1) 繰り返し向こうずねをぶつけてしまうためと、(2) 制御棒なしでこのような小さな体積に圧縮されると、臨界に達して、連鎖反応を制御できなくなり、ダイニングルームで高放射能によるメルトダウンが発生してしまいます。しかし、少なくとも足が冷えることはありません。

9.8 例解

典型的なアメリカ人の住宅のサイズと住宅ごとの道路の長さを推定して、さらに商業用地のスペースを算出して追加します。

典型的な2階建て住宅は、居住スペースが約$200m^2$で、屋根の面積は約$100m^2$です。

次に、道路分を含める必要があります。典型的な家は、おおよそ幅10mで奥行きが10mです。隣り合った家の玄関から玄関までの距離は、10m（家と家の間にまったくスペースがないなど）以上で、100m（家と家の間にサッカー場があるなど）未満であることが確実です。10mと100mの幾何平均をとって、家の間隔は30mとします。そのため、家ごとに30mの道路があります。

この道路の幅は、通りの両側の家の間で共有されます。典型的な郊外の道路の幅は、車1台分（3m）より広く、10台分（30m）よりは狭いため、ここでは幅は10mとします。つまり、典型的な家には、幅5mで長さ30mの道路があり、その面積は$150m^2$となります。したがって、各家は、$100m^2$の屋根と$150m^2$の道路で計$250m^2$の専有面積となります。

問題9.2で、3×10^8人のアメリカ人が約10^8世帯を形成していると推定しました。そのため、住宅の屋根と道路は、$A = 10^8 \times 250m^2 = 2.5 \times 10^{10}m^2$の面積を占め

ています。

　店舗、オフィス、工場は、確実に住宅スペースの合計の1/10以上10倍未満を占めるため、商業用の屋根と道路でさらに$2.5 \times 10^{10} \mathrm{m}^2$が占有されます。したがって、アメリカの屋根のある面積と舗装された面積の合計は、$A = 5 \times 10^{10} \mathrm{m}^2$、つまり$5 \times 10^4 \mathrm{km}^2$になります。

　別の方法として、(1) 私たちが住んでいる都市の人口密度と (2) その都市の屋根と道路の密度を考えることで、この値を推定できます。典型的なアメリカの都市の人口密度は、1,000人/km^{2}です。この密度で、誰もが都市に住んでいるとしたら、都市がカバーする面積は次のようになります。

$$A = \frac{3 \times 10^8 \text{人}}{10^3 \text{人}/\mathrm{km}^2} = 3 \times 10^5 \mathrm{km}^2$$

　どこか郊外地域をGoogleの地図で確認すると、そこから都市の面積の約25％（10％以上50％未満）が舗装道路と屋根付きであると推定できます。そのため、舗装されているか屋根付きの面積の合計は約$10^5 \mathrm{km}^2$です。この推定値は他の方式とも一致します（1/2〜2倍以内で）。実際には、2004年にUS National Atmospheric and Oceanographic Administration（NOAA；海洋・大気圏公団）[24] によって実施された調査によれば、不透水面積は$1.1 \times 10^5 \mathrm{km}^2$です。これは私たちの推定値をわずかに上回っているだけです。

既に、問題9.4でアメリカの土地面積は $8 \times 10^6 \text{km}^2$ と推定しました。したがって、アメリカにおける舗装または屋根付きの面積の割合は、私たちが出した2つの推定値の中間の値を使うと、次のようになります。

$$F = \frac{\text{舗装または屋根付きの面積}}{\text{US の土地面積}} = \frac{8 \times 10^4 \text{km}^2}{8 \times 10^6 \text{km}^2} = 10^{-2}$$

つまり、約1％です。これは、私たちが推定した、必要な総電力量を生成するために十分な太陽エネルギーを提供するために必要な土地面積の約2倍です。このことからこの数値の大きさがわかります。アメリカで十分な太陽エネルギーを提供するには、国全体の屋根付きおよび舗装された全面積の半分に等しいだけ、ソーラーパネルを設置する必要があるのです。大変です。

第10章
大気

　飛行機、タコ、風になびく髪、そして呼吸も大気に依存しています。吸い込んだ空気は誰の息か、植物はどのぐらいの酸素を提供するか、さらに車がどのぐらいの二酸化炭素を放出するかを考えてみましょう。

10.1
薄い大気の中へ

大気の質量はどのぐらいですか？

解答は359ページへ

ヒント 大気の重量により、地表に $10^5 \mathrm{N/m^2}$ の重力がかかっています。

ヒント $10^5\mathrm{N}$ は、重量に換算すると $10^4\mathrm{kg}$ です。

ヒント 地球の表面の面積はどのぐらいですか？

ヒント 地球の半径は、$6 \times 10^6 \mathrm{m}$ です。

ヒント 球の表面の面積の求め方を忘れた場合は、地球を立方体として扱ってもかまいません。

10.2
太古の大気

あなたは呼吸のたびに、アレキサンダー大王の最後の息の分子をどのぐらい吸い込んでいるでしょうか。

解答は361ページへ

> **ヒント** 過去2,000年の間に大気は完全に混ざり合い、分子はランダムに分散されたものと仮定します。

> **ヒント** 1回に吐く息の体積はどのぐらいでしょうか？

> **ヒント** 1回の息にどのぐらいの分子が含まれているでしょうか？

> **ヒント** 1モルのガスには6×10^{23}個の分子が含まれ、20Lの体積を占めます。

> **ヒント** 大気は、何回分の息に相当するでしょうか？

10.3
呼吸

　大気内の全O_2（酸素）の10％を使い尽くすまで人が呼吸するのに、どのぐらいの時間がかかるでしょうか。それ以外の要因はすべて無視するものとします。

解答は364ページへ

ヒント 私たちは、食物を酸化してエネルギーを得るために、空気中の酸素 (O_2) を使用しています。使用した酸素は、CO_2 または H_2O として吐き出されます。

ヒント どのぐらいの量の酸素を吸い込んで使用していますか？

ヒント 人工呼吸が施されることがあります。あなたが吐き出した息には、人を延命させるために十分な O_2 が含まれています。

ヒント 1回の息の質量はどのぐらいでしょうか？

ヒント どのぐらいの頻度で呼吸しているでしょうか？

ヒント 地球上には、6×10^9 人がいます。

ヒント すべての人が大気全体を吸い込む（および吐き出す）には、どのぐらいの時間がかかるでしょうか？

10.4
石炭からのCO$_2$

1 GW$_e$の石炭火力発電所は、1年間にどのぐらいの二酸化炭素 (kg) を大気中に放出するでしょうか。これは、大気の質量の何割を占めるでしょうか。

解答は366ページへ

ヒント 問題9.6を参照してください。

ヒント 1kgの炭素（C）から何kgのCO_2が生成されるでしょうか？

ヒント 炭素と酸素の原子量はほぼ同じです。

10.5
大出力

　1 GW_e を発電する原子力発電所は 1 年間にどのぐらいの高レベル放射性（高放射能）排出物を出すでしょうか。

解答は368ページへ

ヒント 問題9.7を参照してください。

ヒント 使用後の燃料は、ほとんどが高レベル放射性排出物です。

10.6
車からのCO$_2$

1台の車が1年間に大気中に排出する二酸化炭素(kg)はどのぐらいでしょうか。アメリカのすべての車で考えるとどのぐらいになるでしょうか。

解答は369ページへ

| ヒント | 1台の車が1年間に燃焼するガソリンの量はどのぐらいでしょうか？ |

| ヒント | 各車の走行距離と燃費はどのぐらいでしょうか？ |

| ヒント | ガソリン1Lの質量は約1kgです。 |

| ヒント | ガソリン内の1kgの炭素は約3kgの酸素と結合し、CO_2を生成します。 |

| ヒント | アメリカ人の人口は、3×10^8人です。 |

| ヒント | アメリカでは1人あたり何台の車を所有しているでしょうか？ |

| ヒント | アメリカでは、2人に対し約1台の車があります。 |

10.7
ガソリンを木に変える

1年間で、1km²の新しい[注1]森林は、どのぐらいの二酸化炭素(kg)を吸収するでしょうか。木は二酸化炭素を吸収し、酸素を放出し（木に感謝）、その炭素を使用してさらに木を成長させています。森林は、降雨量の多い温帯（ニュージャージー[注2]、ドイツなど）で成長しているものとします。

解答は372ページへ

[注1] 枯れかけたり腐敗しかけたりしている木を考慮する必要はありません。
[注2] ニュージャージーは、今や「チャンスにあふれた埋立地」かもしれませんが、美しい森林があることも確かです。

ヒント 平均樹齢は20年以上。

ヒント 木の質量の大半は炭素が占めています。

ヒント 20年後のすべての木の総質量を推定してください。

ヒント 20年後にすべての木を伐採し、それらを圧縮して、同じ土地に敷詰めると、できる層の厚みはどのぐらいでしょうか？

10.8
木をガソリンに変える

人類は、過去8,000年の間に、農業のために多くの森林を伐採してきました。伐採された森林がすべて燃焼されたか、酸化されたと仮定すると、森林伐採により何tのCO_2が大気に追加されたでしょうか。これはppm（parts per million、100万分）単位ではどのぐらいでしょうか。

解答は375ページへ

ヒント 伐採された森林地の面積を推定します。

ヒント 面積あたりのバイオマスの量を推定します。

10.1 例解

大気圧はさまざまな方法で計測されています。それは10^5N/m^2（ゾッとします）で、水銀では760mmまたは水では10mに相当します。最後の2つの数値は、一定面積の上空にあるすべての空気の重量は、その同じ面積の上にある760mmの深さの水銀の重量と同じということ（または、同じ面積の上にある10mの深さの水と同じ重量になること）を示しています。

これらの数値のいずれかを使用して、大気の質量を計算できます。計算するには、地球の表面の面積（適切な単位）に、何かの単位面積あたりの質量を掛ける必要があります。例えば、760mmの水銀を使用した場合は、地球の表面の面積全体（海を含める）を高さ760mmで覆うために十分な水銀の重量を計算する必要があります（または、高さ10mで覆うために十分な水の重量）。

大気圧として10^5N/m^2を使用しましょう。10^5Nの重量は、10^4kgです（$F_{gravity} = m \times g$, $g = 10 \text{m/s}^2$のため）。

ここでは、地球の表面の面積が必要です。球の表面の面積を求める式は$A = 4\pi R^2$と頭に浮かぶ人もいますが、誰もがそうとは限りません。地球を立方体として扱ってもかまいません。その場合、6つの各面の面積は$(2R)^2 = 4R^2$となるため、総面積は$A = 24R^2$となります。これは、本書の中では十分な近似値であり、厄介な公式を思い出す必要はありません。差支えなければ、正

しい公式を使用します。

$$A_{Earth} = 4\pi R^2 = 12 \times (6 \times 10^6 \text{m})^2 = 4 \times 10^{14} \text{m}^2$$

したがって、大気全体の質量は、次のようになります。

$$M_{air} = 10^4 \text{kg/m}^2 \times 4 \times 10^{14} \text{m}^2 = 4 \times 10^{18} \text{kg}$$

これは、400京kgで、アルプスの<u>重量</u>を超えています。

10.2 例解

　この問題に答えるには、アレキサンダー大王の最後の息に含まれる分子の数と、数秒後に別の人が吸い込んだ空気でその分子が占める割合を推定する必要があります。2番目の手順として、大気が何回分の息に相当するかを推定します。

　息の体積は約1Lです。確実に1カップ（1/4L）以上4L未満のはずです。1Lにどのぐらいの分子が含まれるかはわからなくても、1モルに含まれる分子数はわかっています。1モルは、6×10^{23}個の分子を含み、20Lを占めます（標準的な温度と圧力下のガスとして）。したがって、1Lの息には1モルの1/20、つまり3×10^{22}個の分子が含まれます。

　次に大気が何回分の息に相当するかを算出する必要があります。これは、息の体積（この場合、大気の体積が必要）または息の質量（この場合、問題10.1で推定済みの大気の質量を使用できる）のどちらかを使用して推定できます。私たちは無精なため、質量を使用します[注3]。空気の平均密度は、水の平均密度の約1/1,000です。1Lの水の質量は1kgであるため、1Lの空気の質

[注3] 質量を使うことで、空気の高さを避けることもできます。海と異なり、大気は上方に行っても薄くなるだけで実際には終わりはありません。外部空間との境界は100〜300kmのどこかです。人が呼吸できる十分な空気がある最高高度は、エベレストの山頂の高さ（10km）よりやや低くなります。

量は1gです。また、空気の質量はその分子量から計算することもできます。1Lの息は1モルの1/20です。空気は、N_2（分子量＝$2 \times 14 = 28$）とO_2（分子量＝$2 \times 16 = 32$）の分子から構成されているため、平均分子量は30です。1モルの空気の質量は30gになります。

したがって、空気の密度は$d = \dfrac{30\text{g}/\text{モル}}{20\text{L}/\text{モル}} = 1.5\text{g/L}$です

（1gと1.5gの差は、丸めの誤差によるもので、本書では無視してかまいません）。

大気の総質量は（問題10.1から）、$m_{air} = 4 \times 10^{18}$kg $= 4 \times 10^{21}$gです。1回の息の質量は1gのため、1回に吸い込む息は、大気の4×10^{21}分の1となります。そのため、1回に吸い込むアレキサンダー大王の息の分子の数は、次のようになります。

N_{AG} ＝大気中のアレキサンダー大王の最後の息の分子の数

　　　×1回に吸い込む大気の割合

$= 3 \times 10^{22}$分子$\times \dfrac{1}{4 \times 10^{21}} = 8$分子

したがって、アレキサンダー大王（さらに、孔子やラムセス1世など）の最後の息（と最後から2番目、……）から約8個の分子を吸い込むことになります。敬意を

払い意識してこれらの分子を吸い込むとよいでしょう [注4]。

[注4] 悲しいことに、私たちは、量子力学と熱力学の知識から、すべての酸素分子は等しいものであり、古典的な肉眼で見える粒子のように印を付けられないことはわかっています [25]。つまり、この問題は最終的には無意味です。次のようなたとえ話が理解に役立つでしょう。20ドルの買い物をして20ドル紙幣で支払い、6カ月後に私たちがあなたに20ドルをあげた場合（熱心な読者への感謝のためになど）、同じ紙幣があなたの手元に戻る可能性があります（各紙幣に一意の通し番号があるためそれとわかる）。しかし、買い物にクレジットカードで支払い、6カ月後に私たちがあなたの口座に20ドル送金しても、それが同じ紙幣であるかどうかを尋ねるのはまったくの無意味です。大気が何回分の息に相当し、1回の息にそれとほぼ同じ数の分子が存在すると知る方がまだ興味がそそられます。

10.3 例解

1回の呼吸で使用する酸素量を推定する必要があります。それを基に、何回の呼吸で大気中の10%の酸素を使用するかを推定することができます。心肺停止の蘇生救急（CPR）により、救急車が到着するまでの間、人を延命できることがわかっています。つまり、私たちが吐き出して強制的に人の肺に送り込んだ空気には、生命を維持するための十分な酸素が含まれていることになります（人がCPRを必要とするほど重症な場合を考慮しても）。これは、各呼吸では比較的少量の酸素しか使用していないことを意味しています。ここで、吸い込んだ酸素の10%を使用するものと推定します（1%を大きく上回り、100%よりはずっと少ない）。

ここで、大気全体を吸い込む（そして吐き出す）まで、どのぐらいの時間がかかるか推定する必要があります（酸素の10%を使用するため）。大気中の酸素の存在量については、完全に無視している点に注意してください[注5]。

問題10.2で、1回の息の体積が約1Lで、質量は約1g、大気全体は4×10^{21}回の息に相当すると推定しました。したがって、あとは、人が4×10^{21}回の呼吸をするために要する時間を推定する必要があるだけです。

[注5] 興味があるなら、それは約20%です。

地球上の人口は、6×10^9人です。つまり、1人あたりの呼吸の回数は、次のとおりです。

$$N_{breaths} = \frac{4 \times 10^{21}呼吸}{6 \times 10^9} = 7 \times 10^{11}$$

私たちは、数秒ごとに1回呼吸をしています。ここでは、1回の呼吸に4秒かかると推定します。したがって、各人が要する時間は、次のとおりです。

$$t = 7 \times 10^{11}呼吸 \times 4秒/呼吸$$
$$= 3 \times 10^{12}秒 \times \frac{1年}{\pi \times 10^7秒} = 10^5年$$

10万年となります。

もちろん、個々には、これを達成するほど長生きはしません。ただし、他のすべての動物が私たちを手伝ってくれます。この惑星の人類(少なくともヒト科の動物)の誕生は数百万年前に遡り、この惑星の動物の誕生は数億年前に遡ります。ありがたいことに、植物が減った分の酸素を継続的に補充しているのです。

10.4 例解

　大気中に放出される二酸化炭素の量は、発電所で燃焼される炭素の量に正比例します。すべての炭素が完全に燃焼されるとすると、それはすべて二酸化炭素の形で大煙突から放出されます。幸運にも、1 GW_e の石炭火力発電所が1年間に使用する石炭の量は既にわかっています。問題9.6で、5×10^9 kgと推定しました。各炭素原子が酸化され、二酸化炭素の分子になります。炭素と酸素は比較的軽量の元素で、原子量はほぼ同じです [注6]。したがって、二酸化炭素（CO_2）の各分子の質量は、炭素原子の質量の約3倍です。つまり、1 GW_e の石炭火力発電所が1年間に大気中に放出する CO_2 の総質量は、次のようになります。

$$M_{CO2} = 3 \times 5 \times 10^9 \mathrm{kg} = 2 \times 10^{10} \mathrm{kg}$$

　これを大気の質量と比べてみましょう。問題10.1で、大気の質量は $M_{air} = 4 \times 10^{18}$ kgと計算しました。この発電所は、

$$f = \frac{2 \times 10^{10} \mathrm{kg}}{4 \times 10^{18} \mathrm{kg}} = 5 \times 10^{-9}$$

[注6] 正確に言うと、炭素の原子量は12で、酸素の原子量は16です。

つまり、大気に対して10億分の5のCO_2を毎年追加しています。問題3.2の赤道に置かれるゴルフボールを覚えているなら、地球を1周するために必要な10億個のうち5個がCO_2のゴルフボールということになります。あまり多いように思えませんが、多数の発電所が存在しています。

メタン（CH_4）を燃料とする天然ガス火力発電所は、水素と炭素を酸化するため、石炭火力発電所に比べ、GWあたりの二酸化炭素の生成は3分の1です。炭素は酸化されて二酸化炭素（CO_2）になり、4個の水素原子が酸化されて2個の水分子（H_2O）になります。化学反応が3回起こるので、炭素原子あたりで3倍のエネルギーを生成します。

二酸化炭素は無色のガスである点に注意してください。煙突から出ている「煙」は、燃焼が不完全だった燃料、不純物（灰など）、湯気（凝縮した水蒸気）が混ざり合ったものです。また、二酸化炭素は100万分の数百のレベル（数百ppm）で自然に大気中に存在する点にも注意してください。植物は、CO_2を吸収して、酸素を放出します。そのため、二酸化炭素は、人に直接害を及ぼす一般的な汚染物（スモッグのような）ではありません。それがもたらすことのあるダメージは間接的です。

10.5 例解

　原子炉の核燃料は、主にウラニウムの2つの同位体、^{235}Uと^{238}Uから構成されています。^{235}Uは、より小さな核に分裂し、その多くが高放射性です。原子炉内の娘核と^{238}Uが膨大なエネルギーを放射し、同時に多数の高放射性副産物を生成します。つまり、すべての燃料が高放射性排出物となります。それが、発電所が算出する高レベル放射性排出物の大半を占めます。そのため、高放射能排出物の質量は、燃料の1〜10倍です。ここでは、幾何平均をとって3倍とします。

　幸運にも、1GW$_e$の原子力発電所が1年間に使用する核燃料の量はわかっています。問題9.7で、2×10^4kgと推定しました。したがって、原子力発電所は、1年間に、

$$M_{nuclearwaste} = 3 \times 2 \times 10^4 \text{kg} = 6 \times 10^4 \text{kg}$$

つまり、約60トンの高放射性排出物を出します。

　この排出物は極めて危険です。一方、非常にコンパクトである（かつ硬い）ため、かなり容易に安全に処理できます。

# 10.6 例解

前に行った推定から、アメリカの平均的な車は、年間約 1.6×10^4 km、ガソリン1Lあたり8kmを走行するとしましょう。つまり、1年間で $(1.6 \times 10^4$ km/年) / (8km/L) = 2,000Lを消費します。

ここで、体積から質量を求める必要があります。1Lの水の質量は1kgです。ガソリンは水より多少軽いですが、ここでは特に配慮するほどの差ではありません。

したがって、車は1年間に約2,000kgのガソリンを燃焼します。つまり、2tのガソリンに相当し、ほとんどの車の重量より多いことになります。

ガソリンは、炭素原子ごとに約2個の水素原子を持つ炭化水素です。炭素の原子量は12で、水素の原子量は1のため、水素は無視できます(します)。CO_2 を生成するために各炭素原子に結合する2個の水素原子の原子量の合計は32です。つまり、CO_2 の質量(44)は、炭素の質量(12)のほぼ4倍です。したがって、車は1年間で $4 \times 2,000$ kg $= 8 \times 10^3$ kgの二酸化炭素を排出します。

ただし、アメリカにある車は1台だけではありません。問題5.1で説明したとおり、アメリカの人口は 3×10^8 人で、1人あたり約0.5台の車を所有しています。したがって、アメリカのすべての車が排出する総二酸化炭素量は、次のとおりです。

$$M_{CO_2} = 8 \times 10^3 \text{kg/台・年} \times 1.5 \times 10^8 \text{台} = 1 \times 10^{12} \text{kg/年}$$

これは、10億（2×10^9）tに相当します。

ここで、現実と比べてみましょう。米国エネルギー省[26]によると、2004年のアメリカにおけるCO_2の総排出量は、60億tでした。車、トラック、鉄道、飛行機を含む輸送によるCO_2の排出量がそのうち20億tを占めています。それは、車だけを考えた私たちの推定値の2倍に相当します。

大量のCO_2のように思われます。ここでも、大気の質量と対比してみましょう。走行する車は、

$$f = \frac{1 \times 10^{12} \text{kg}}{4 \times 10^{18} \text{kg}} = 2 \times 10^{-7}$$

つまり、大気に対して10億分の200のCO_2を毎年追加しています。問題3.2の赤道に置くゴルフボールを覚えているなら、地球を1周するために必要な10億個のうち200個がCO_2のゴルフボールということになります。天然で大気に含まれるCO_2のレベルは約100万分の200（200ppmすなわち2×10^{-4}）であるため、これは1/1,000にあたります。

輸送による温室効果ガス排出の割合を減らしたいのであれば、車の使用を減らすか、もっと燃費のよい車を使うことです。使用を減らすとは、車に相乗りするか、職場の近くに住むことを意味しています（家と周辺地域の

選択肢が限定されます)。もっと燃費のよい車を使うとは、さらに投資してハイブリッドカーを購入するか(ただし、すべてのハイブリッドカーが燃費がよいとは限りません)、今より小型の車を使用することを意味しています。電気自動車を運転している場合は、何らかの方法で、一般には化石燃料を燃焼して、電気を生成する必要があります。別の方法として、他の人々がCO_2排出を削減するためのコストを払うような法律を通過させることができます。選ぶのは、私たちです。

10.7 例解

これは、素晴らしい問題です。なぜなら、解法が4通りあるからです。私たちが推定できるのは、(1) 樹齢20年の木の数とサイズ、(2) それらをすべて伐採し圧縮した場合の層の厚み、(3) 森林が使用する太陽エネルギーとそのエネルギーで炭素に変換するCO_2の量、(4) 木が使用する水と、その水を構成する水素から作られるセルロースの量です。20年以上にわたる平均をとる場合は、解法 (1) と (2) がはるかに適しています。

最も簡単な方法は、20年後に森林を伐採し、それを同じ土地に圧縮して敷き詰めた場合の、木が作る層の厚みを推定することです。樹齢20年の木の場合は、厚さは1m未満です。つまり、バイオマスの層が、1cm (10^{-2}m) 以上、1m未満であることは確かです。そこで、ここでは幾何平均をとって、厚さ0.1mを使用します。したがって、バイオマスの体積は、$V = (10^3\text{m})^2 \times 0.1\text{m} = 10^5\text{m}^3$ となります。木は、水とほぼ同じ密度 (10^3kg/m^3) であるため、総質量は $M = 10^3\text{kg/m}^3 \times 10^5\text{m}^3 = 10^8\text{kg}$ です。この全質量の大半が炭素で、CO_2の質量はCの約4倍であるため、1km^{2}の新しい森林は20年間で 4×10^8kgのCO_2、つまり年間 2×10^7kgの二酸化炭素を削減すると推定できます。

次に、太陽エネルギーの方法を試してみましょう。地球の軌道で使用可能な太陽エネルギーは、10^3W/m^2で

す。夜間、雲、および大気の影響で、木が使用できるのはそのエネルギーの約10％です。10億年の進化を経た木の太陽エネルギーの使用効率は確実に1％以上（ただし、間違いなく100％未満）であるため、効率は10％と仮定しましょう [注7]。おそらく、エネルギーの一部は木の代謝作用を維持するために使用されるため、使用可能なエネルギーの50％が木の成長に使用されると推定します。

したがって、夜間や雲の影響（10％）、エネルギー変換効率（10％）、木の成長に使用されるエネルギー（50％）を考慮すると、$10^3 W/m^2$ のうちたった 5×10^{-3}、つまり $5 W/m^2$ しか木の成長に使用されていません。これによって提供される使用可能なエネルギーは、次のとおりです。

$$E = 5 W/m^2 \times \pi \times 10^7 秒/年 \times 10^6 m^2/km^2 \times 6 \times 10^{18} eV/J$$
$$= 10^{33} eV/km^2 \cdot 年$$

CO_2 から炭素を抽出するために1.5eV（私たちが標準としている化学反応エネルギー）が必要なため、Jから電子ボルト（eV）に変換しました。これにより、1年間に 6×10^{32} 個の CO_2 分子から炭素を抽出できます。この CO_2 の合計質量は、次のとおりです。

[注7] これは、今日最も効率の高い太陽光電池と同じ効率です。

$$M_{CO2} = \frac{6 \times 10^{32} \text{分子/年}}{6 \times 10^{23} \text{分子/モル}} \times 44\text{g/モル}$$
$$= 4 \times 10^{10} \text{g/年} = 4 \times 10^{7} \text{kg/年}$$

これは最初の例解で推定した値の約2倍です。このように異なる方法でも、それほど違いはありません。

では、現実と比較してみましょう。*Encyclopedia of Energy* [27] によると、平均的な日射は100〜200W/m^{2}で、太陽エネルギー捕捉効率は0.2〜5％です。最高の生成レベルは、コンゴの植林によるもので、36t/ヘクタール/年、つまり4×10^{6}kg/km^2/年です。私たちの推定値は、この最大量の約10倍に当たります。

第10章　大気　375

10.8 例解

伐採された森林地の面積と、面積あたりのバイオマスの量を推定する必要があります。

面積から始めましょう。土地は、地球の表面の面積の25％です。全土地面積の半分が本来は森林地で、その半分が伐採されたものと推定します。したがって、人類は、地球の土地面積の1/4に相当する森林を伐採しました。伐採された面積は総面積の100％未満で1/16（6％）以上であることは確かなため、この推定は確実に実際の値の1/4 〜 4倍以内に収まります。地球の表面の面積は（問題10.1を参照）次のとおりです。

$$A_{Earth} = 4\pi R^2 = 4\pi (6 \times 10^3 \mathrm{km})^2 = 4 \times 10^8 \mathrm{km}^2$$

土地の面積は、その1/4つまり$10^8 \mathrm{km}^2$です。人類は、その1/4つまり$2 \times 10^7 \mathrm{km}^2$の森林を伐採してきました。

ここで、バイオマスの量が必要です。問題10.7から、新しい森林がせいぜい$4 \times 10^6 \mathrm{kg/km}^2$/年のバイオマスを生成することがわかっています。ただし、森林が十分に成長した後は、腐敗（酸化など）する木の量と新たに産み出される木の量が等しい安定した状態の系になります。森林が十分に成長するまでに要する期間は、

10年以上100年未満です [注8]。ここでは、幾何平均をとって、30年とします。そのため、農業用に森林を伐採すると、$30 \times 4 \times 10^6 \text{kg/km}^2 = 10^8 \text{kg/km}^2$ のバイオマスが発生します。

CO_2 の質量は炭素の4倍であるため、これは $4 \times 10^8 \text{kg/km}^2$ の CO_2 に相当します。次に進む前に、これを現実と比べてみましょう。典型的な森林のバイオマスは、炭素量にして約 10^7kg/km^2 です [28]。私たちの推定値の 10^8 は10倍に当たり、高過ぎます。

実際のバイオマス密度を使用すると、森林の伐採で産出される二酸化炭素の量は、次のとおりです。

$$M_{CO_2} = 2 \times 10^7 \text{km}^2 \times 4 \times 10^7 \text{kg/km}^2 = 8 \times 10^{14} \text{kg}$$

これは、アメリカにおいて車が毎年排出する量(問題10.6)の400倍です。

一方、大気の総質量は $4 \times 10^{18} \text{kg}$ です。つまり、これは大気の100万分の200(200ppm)となります。現在の大気の CO_2 濃度は約350ppmのため、これはかなり大きな値です。

ひょっとすると、過去1万年にわたる森林の伐採は、氷河期 [29] の再来を阻止しているのかもしれません。本当かどうかはわかりませんが。

[注8] ここでの成長度の定義は、炭素サイクルに関するものです。木の種の多様性などの尺度ではありません。

第11章
リスク

　人生は危険に満ちています。中には他に比べはるかに危険なこともあります。実際に鮫の襲撃について心配する必要があるでしょうか。航空機で幼児をチャイルドシートに座らせる必要があるでしょうか。これらの問題に解答していくと、政治家やセールスマンによる、私たちに対する不合理な脅し戦術について理解できるはずです。

11.1
路上のギャンブル

 自動車で走行したときの1kmあたりの死のリスク(アメリカにおいて)はどのぐらいでしょうか。アメリカにおいて自動車が原因の死亡は全体の何割を占めているでしょうか。

解答は387ページへ

ヒント アメリカ人の1年間に走行する合計距離は何kmでしょうか。問題5.1を参照してください。

ヒント 毎年、約 4×10^4 人のアメリカ人が自動車事故で死に至っています。

ヒント アメリカの人口は、約 3×10^8 人です。

ヒント 平均余命は何年でしょうか。

ヒント 平均余命を100年とすると、毎年、私たちの1/100が死亡することになります。

11.2
航空機の真実

　大型航空機で飛行したときのアメリカにおける1kmあたりの死のリスクはどのぐらいでしょうか。これを自動車の場合のリスクと比べるとどうでしょうか。

解答は389ページへ

- **ヒント** アメリカ人が1年間に航空機で飛行する合計距離は何kmでしょうか？

- **ヒント** 航空機に乗る回数は何回でしょうか。第1章を参照してください。

- **ヒント** フライトごとの飛行距離はどのぐらいでしょうか？

- **ヒント** 大型航空機が墜落する頻度はどのぐらいでしょうか？

- **ヒント** 1回の墜落あたりで何人が死亡するでしょうか？

11.3
生命のビーチ

海で鮫に殺されるリスクと、車で海へ出かけて死亡するリスクを比べてみましょう。

解答は391ページへ

| ヒント | アメリカでは毎年、何人が鮫に襲われて死亡していますか？ |

| ヒント | 鮫の襲撃は非常に報道価値が高く、死亡事故が起きるたびに全国的に報道されると仮定できます。 |

| ヒント | 通常の夏の1日に、海辺には何人の人がいますか？ |

| ヒント | 通常の夏の期間は何日間ですか？ |

| ヒント | 自動車で移動する場合の海辺までの走行距離はどのぐらいですか？ |

| ヒント | 自動車では、1kmあたり1×10^{-8}人が死亡しています。 |

11.4
煙のように消える

 平均すると、愛煙家が吸う1本のタバコは本人の平均余命をどのぐらい縮めるでしょうか。

解答は393ページへ

> **ヒント** 愛煙家が吸うタバコの本数は何本ですか？

> **ヒント** 平均的な喫煙者は寿命のうち何年を失うでしょうか？

11.1 例解

走行する総距離と、自動車事故で死亡する総件数を推定する必要があります。問題5.1で、アメリカ人が1年間に車で走行する距離の合計は、3×10^{12}kmと推定しました。毎年、約4×10^4人のアメリカ人が自動車事故で死亡しています。したがって、死のリスクは、次のようになります。

$$R = \frac{4 \times 10^4 \text{死者/年}}{3 \times 10^{12} \text{km/年}} = 1 \times 10^{-8} \text{死者/km}$$

1億kmあたりでたった1人しか死亡していません。かなり安全なようです。

この数字を別の方向から見てみましょう。読者の方が自動車事故で死亡する可能性を考えてみます。誰か1人が自動車事故で死亡する可能性は、自動車事故で死亡するアメリカ人の割合と同じです。つまり、アメリカ人の15人のうち1人が自動車事故で死亡する場合、あなたが自動車事故で死亡する確率も15分の1です。

ここで、毎年死亡するアメリカ人の数を推定する必要があります。人口は3×10^8人です。アメリカ人の平均寿命は約75歳です（私たちは、それよりもっと長く生きるつもりですが）。したがって、75人に1人のアメリカ人が毎年死亡しています。つまり、毎年の死亡数は、

次のとおりです。

$$N_d = \frac{3 \times 10^8 死者}{75年} = 4 \times 10^6 死者/年$$

したがって、総死亡数に対して自動車事故で死亡する数の割合は、

$$P_{crash} = \frac{4 \times 10^4 自動車事故死者/年}{4 \times 10^6 死者/年} = 0.01$$

すなわち、1％です。私たちの1％が自動車事故で死亡することになります(これは、0歳から生涯にわたる総計の確率です。おそらく、読者の方々はそれより年上のはずなので、自動車事故で死亡する可能性はさらに低くなります)。

11.2 例解

1年間の飛行距離の合計と総死亡件数を推定する必要があります。第1章で、アメリカ人が1年間に航空機に乗る回数は、実際値で7×10^8回（フライト数）でした（もう少し正確に言うと、6.6×10^8）。1回のフライトの平均距離は、おそらく500km（車で移動した方が容易な距離）以上5,000km（ニューヨークからロサンゼルスまでの距離）未満のため、幾何平均をとって1,000kmとします。したがって、アメリカ人の総飛行距離は、$d = 7 \times 10^8$回 $\times 10^3$km/回 $= 7 \times 10^{11}$kmとなります。これは、自動車の走行距離の1/4です。

大型航空機は、毎年は墜落しません。墜落の頻度は、年1回未満、10年に1回以上です。幾何平均をとって3年ごとに1回（$3 = \sqrt{1 \times 10}$のため）とします。航空機が墜落すると約100人が死亡します。したがって、大型航空機では年間約30人が死亡します。つまり、1kmあたりで大型航空機の墜落によって死亡する可能性は次のとおりです。

$$R = \frac{30\text{死者/年}}{7 \times 10^{11}\text{km/年}} = 4 \times 10^{-11}\text{死者/km}$$

自動車で走行する場合に比べ、1kmあたりで1,000倍安全です。

ほぼすべての墜落事故が離陸時と着陸時に発生しているため、kmあたりの死者数という形で航空機の死者数を表現するのは、多少誤解を招く点に注意してください。5,000kmを飛行する場合も、500kmを飛行する場合も危険性はほぼ同じです。

　航空機の安全規制の一部は誤っている恐れがあります。たとえば、幼児を航空機で幼児用シートに乗せるように命じられたとしたら、逆に命が犠牲になる可能性があります。両親は幼児用シートのために幼児の航空券分の料金も支払う必要が出てきます。そのため、航空機で移動する家族が減り、自動車で移動する家族が増えるでしょう。自動車の方が航空機よりずっと危険なため、航空機で幼児用シートを使用して助かる以上に多くの人々が自動車事故で死亡することになります。

11.3 例解

鮫の襲撃は恐ろしく、鮫の襲撃は報道価値が高いです。人が鮫に殺されるたびに全国ニュースに出てきます。数年ごとに海辺での鮫による死亡事故の記事を目にします。これは、1年あたり約1人が死亡していることを示しています（人間が犠牲になる場合です。人は毎年はるかに多くの鮫を殺しています）。実際には、アメリカの平均は年間約0.5人です。

ここで、1年間の海水浴客の数を推定する必要があります。アメリカの人口の約10％が海岸から30km以内に住んでいます（1〜100％の間であることは確かです）。彼らの約10％が夏のある日に海に出かけます。つまり、7月と8月のある日に、$3 \times 10^8 \times 0.1 \times 0.1 = 3 \times 10^6$ 人のアメリカ人が海に行きます。7月と8月は60日あるため、毎年 $60 \times 3 \times 10^6 = 2 \times 10^8$ 人が海辺を訪れます。この数字はやや少な目ですが、カリフォルニアだけで年間 10^8 人の海水浴客がいる [30] ため、合理的に現実に近いと言えます。

各海水浴客は、おそらく、海辺までのそれぞれの経路で約10km走行します（1km以上100km未満）。海水浴客が走行した合計距離は、$d = 10\text{km} \times 2 \times 10^8 \text{回} = 2 \times 10^9 \text{km}$ です。これから、平均死亡数を計算すると、次のようになります。

$$N_{deaths} = 2 \times 10^9 \mathrm{km} \times 1 \times 10^{-8} 死者/\mathrm{km} = 20 死者$$

したがって、海に車で出かける危険性の方が、鮫に襲撃を受ける危険性より約40倍高いことになります。これにもかかわらず、または、おそらくはこれが理由で、鮫の襲撃はマスコミ報道でより大きく取り上げられます[注1]。

[注1] ご存知のとおり、ニュースでは自動車事故は歩行者の事故と同等の扱いです。

11.4 例解

愛煙家が吸うタバコの本数と本人が失う生存年数を推定する必要があります。平均的な喫煙者を対象にこれを算出します。タバコを吸っても長生きする人もいますが、平均的な喫煙者は早死にします。

喫煙に主に関係する死因は、肺ガンと心臓病です。これらは遅発性の病気です。通常は、50歳前後から死亡する人が出始めます。平均的な喫煙者は、寿命の1年以上[注2]、30年未満(喫煙が原因となって50歳前後から死亡者が出始め、平均余命は80歳未満のため)を失うことは確かです。1と30の幾何平均をとって、喫煙者は非喫煙者より5年早く死亡するものとします。

18歳(タバコを購入できる法定年齢)から喫煙し始め70歳で死亡するまで、1日1箱のタバコを吸い続けたとすると、吸った本数は次のとおりです。

$$N = 50年 \times 400日/年 \times 20本/日 = 4 \times 10^5 本$$

各タバコが死亡に同様に関与するという実にばかげた仮定を設けると、1本のタバコによって犠牲になる寿命は、次のとおりです。

[注2] 喫煙者が1年の寿命しか失わないとしたら、喫煙についてこれほど騒ぎ立てることはなかったでしょう。

$$t = \frac{5 \text{年}}{4 \times 10^5 \text{本}} = 10^{-5} \text{年/本} = 10^{-5} \text{年/本} \times \frac{\pi \times 10^7 \text{秒}}{\text{年}}$$
$$= 300 \text{秒/本} = 5 \text{分/本}$$

つまり、1本のタバコは、それを吸うのに要する時間とほぼ同じ時間分寿命を縮めます。

現実と比較すると [注3]、*British Medical Journal* [31] に掲載された調査から、喫煙者と非喫煙者の平均余命の差は6.5年で、平均的な喫煙者は1日1箱弱を消費することが明らかになっています。また、この調査によれば、1本のタバコは平均11分の寿命を縮めます。私たちも論文を発表すべきだったかもしれません。

吸ったそれぞれのタバコが同量のダメージをもたらすという仮定は、証明できない上、無意味でもある点に注意してください。生物には、通常、それ以下の量なら何のダメージも与えないというしきい値があります。1tの岩は、あなたを押し潰します。しかし、1ポンドや1kgの岩なら、まったく悪影響はありません。同様に、2錠のアセトアミノフェンを飲むと頭痛が和らぎますが、ビン一杯の量を飲むと死に至ります。

[注3] 少なくとも、論文として発表された研究と比較すると。

第12章
例解のない問題

　問題はまだまだあります。自分の周りの世界を見回し、新発見の技法を適用するだけです。ここには、入門用として、例解なしの問題を並べます。

1. ネス湖（または、エリー湖）を空にするには、4L のバケツの水を何杯汲みだす必要があるでしょうか。

2. アメリカで1年間に吸われるタバコは何本でしょうか。それらの端と端をつなげると、どのぐらいの距離になるでしょうか。

3. アメリカ（または、ヨーロッパ）には、ビデオレンタル店が何軒あるでしょうか。

4. この瞬間に携帯電話で話をしている人は何人でしょうか。

5. この瞬間に昼食を食べている人は何人でしょうか。

6. 人の髪の毛が伸びる速さはどのぐらいでしょうか（m/s単位）。

7. 世界中のすべての海岸を合わせると砂は何粒あるでしょうか。

8. 平均的な（普通の）サッカー競技場には芝生の葉が何枚あるでしょうか。

9. 1年間にアメリカで販売された宝くじ券をすべて重

ねると、どのぐらいの高さになるでしょうか。

10. 1年間にアメリカ人が車の運転に費やす合計時間はどのぐらいでしょうか。時間、年、人の寿命単位で答えてください。

11. 自転車の平均走行速度はどのぐらいですか。自転車に乗るために費やす時間と、自転車を購入するためのお金を稼ぐために費やした時間を含めます。

12. アメリカで、速度制限を時速100kmから90kmに引き下げると、節約されるガソリンの量はどのぐらいですか。1Lのガソリンを節約すると、運転に費やす時間はどれくらい増えますか。

13. アメリカの道路では、自動車のタイヤによって、1年間にどのぐらいの量のゴム（kg単位）が沈着しますか。

14. 雲の中の大きな雨粒の位置エネルギーはどのぐらいですか。

15. ハイウェイの道路速度で、あなたの車が交通事故用バレル（砂で満たされた樽）に衝突しました。停止時にあなたの身体にかかる力はどのぐらいですか（シートベルトを着用し、エアバッグが適切に開

いたものと仮定します)。

16. 第3章の問題3.9のゴミ埋め立て地で、アメリカ人が100年間すべてのゴミをそこに捨てた後、その埋め立て地の位置エネルギーはどのぐらいですか。

17. ライフル銃の銃弾の運動エネルギーはどのぐらいですか。

18. 野球でキャッチャーが速球を捕ったときに、キャッチャーにかかる力はどのぐらいですか。

19. 1 kgのチョコレートチップクッキーを食べると、どのぐらいのエネルギーを産み出せますか。

20. この瞬間のアメリカ(または、ヨーロッパ)内の道路上のすべての乗り物の運動エネルギーの合計はどのぐらいですか。

21. 30階建てのビルから水風船を落とすと、地面に達したときの速度はどのぐらいですか。

22. 高温気候 ($T = 37°C$) 下では、人はどのぐらい汗を流しますか。L/日単位で答えてください(摂取したエネルギーはすべて、汗の気化熱によってのみ発散されると仮定します。水は、蒸発するときに約

1,000J/gを使います)。

23. 通常の人間が生涯で消費する食物の量（kg単位）はどのぐらいですか。それをその人の体重と比べるとどうですか。

24. 地球を周回するときの月の運動エネルギーはどのぐらいですか。

25. ^{235}Uのエネルギー密度はどのぐらいですか（J/kg単位）。

26. すべてのアメリカ人が電気自動車の使用に切り替えると、より多くの電気エネルギーが消費されます。その分の電気エネルギーを供給するために、いくつの1GW$_e$発電所が稼働する必要がありますか。

27. 1年間に太陽の中でヘリウムに変換される水素は何tですか。

28. 太陽の100億年の寿命の間に、エネルギーに変換されるのは、太陽の質量の何割ですか（寿命全体を通じて、パワー出力は比較的一定であると仮定します）。

29. アメリカ(または、ヨーロッパ)の道路は、何kmですか。

30. 1人が1年間に大気中に排出する二酸化炭素はどのぐらいですか(kg単位)。すべての人間の排出量の合計はどのぐらいですか。

31. あなたの体の前面にかかる大気圧はどのぐらいですか。

32. 車を持ち上げるために必要なヘリウム風船の大きさはどのぐらいですか(m^3単位)。ヘリウムの密度は、空気の密度の1/10です。

33. 平均すると、脂肪分の多い食事を摂るたびに寿命がどのぐらい縮みますか。

付録A　必要な数値と公式

わずかな知識から、驚くほど多くのことを推定できますが、多少の知識は必要です。ここには、本書で使用した重要な数値と公式を一覧します。

A.1　役立つ数値

アメリカの人口（2006年）$= 3 \times 10^8$

世界の人口（2006年）$= 6 \times 10^9$

原子数/モル（アボガドロ数）$= 6 \times 10^{23}$

ジュール/電子ボルト（J/eV）$= 6 \times 10^{18}$

$1\,\mathrm{m/s} =$ 時速 $3\,\mathrm{km}$

1年 $= \pi \times 10^7$ 秒

原子の大きさ $= 10^{-10}\,\mathrm{m}$

地球の半径 $= 6 \times 10^6\,\mathrm{m}$

地球と太陽の間の距離 $= 1.5 \times 10^{11}\,\mathrm{m}$

1カロリー $= 4 \times 10^3\,\mathrm{J}$

化学反応エネルギー $= 1.5\,\mathrm{eV}$

炭素1モルの質量 = 12g

地表での重力の加速度　$g = 10\text{m/s}^2$

A.2　手軽な公式

位置エネルギー　$PE = m \times g \times h$

質量 = 体積 × 密度

運動エネルギー　$KE = 1/2\, mv^2$

仕事 = 力 × 距離

仕事 = KEの変化

エネルギー = 電力 (W) × 時間 (s)

A.3　単位の接頭語

サイズ	接頭語	省略形
10^9	ギガ	G
10^6	メガ	M
10^3	キロ	k
10^{-2}	センチ	c
10^{-3}	ミリ	m
10^{-6}	マイクロ	μ
10^{-9}	ナノ	n

付録B 例解のためのヒント

長さ(メートル単位)	例
10^{11}	地球と太陽の間の距離（1.5×10^{11}m）
10^7（10^4km）	地球の直径（1.3×10^4km）
10^6（10^3km）	ニューオーリンズからデトロイトまでの距離（1600km）
10^5（10^2km）	ミシガン湖（長さ）
10^4（10km）	エベレスト（高さ）
10^3（1km）	ジョージワシントン橋
10^2	サッカー競技場（長さ）
10^1	テニスコート
10^0	背の高いヒトの歩幅
10^{-1}（10cm）	人の手（幅）
10^{-2}（1cm）	角砂糖
10^{-3}（1mm）	コイン（厚さ）
10^{-4}	人の髪の毛（太さ）
10^{-5}	人の細胞（直径）
10^{-6}（1ミクロン[1μm]）	シャボン玉の膜（厚さ）
10^{-9}（1ナノメートル[1nm]）	小さい分子
10^{-10}	原子

面積(平方メートル、m^2)	例
10^{14}	地球の土地面積
10^{12}	エジプト、テキサス州
10^{11}	ニューヨーク州、アイスランド
10^9	ロサンゼルス、ヴァージニアビーチ
10^8	マンハッタン
10^6 ($1km^2$)	シティ・オブ・ロンドン
10^4	サッカー競技場
10^2	バレーボールコート
10^0	小型オフィスデスク
10^{-4} ($1cm^2$)	角砂糖(1面のみ)
10^{-6} ($1mm^2$)	ピンの先端
10^{-8}	コンピュータディスプレイのピクセル

密度(立方メートルあたりのキログラム、kg/m^3)	例
10^{18}	中性子星、原子核
10^9	白色矮星
10^4	鉛、鉄
10^3 ($1t/m^3$、$1kg/L$、$1g/cm^3$)	水、人体
10^0	海面レベルの地球の大気

質量 (kg)	例
10^{30}	太陽
10^{27}	木星
10^{25}	地球
10^{21}	地球の海
10^{18}	地球の大気
10^{15}	世界の石炭埋蔵量（推定値）
10^{12}	世界の石油生産量（2001年）
10^{11}	世界人口の人間の合計質量
10^{10}	ギザのピラミッド
10^{9}	太陽によって毎秒エネルギーに変換される質量
10^{8}	航空母艦
10^{7}	タイタニック
10^{6}	スペースシャトルの発射時の質量
10^{5}	最大の動物、シロナガス鯨
10^{4}	大きな象
10^{3} (1t)	自動車（小型）
10^{2}	ライオン、大柄な人
10^{1}	電子レンジ、大きな猫
10^{0}	1Lの水
10^{-1}	人の腎臓、リンゴ、ねずみ
10^{-2}	致死量のカフェイン、成体マウス、大きなコイン
10^{-3} (1g)	角砂糖
10^{-4}	カップ1杯のコーヒーのカフェイン
10^{-6} (1mg)	蚊
10^{-7}	致死量のリシン
10^{-9} (1μg)	砂粒（中程度）
10^{-12} (1ng)	人の細胞
10^{-27}	中性子、陽子、水素、原子
10^{-30}	電子

参考資料

[1] A. Asaravala. Landing a job can be puzzling. *Wired.com*, June 2003.
http://www.wired.com/news/culture/0,1284,59366,00.html.

[2] J. Kador. *How to Ace the Brain Teaser Interview*. McGraw-Hill, New York City, 2004.
http://www.jkador.com/brainteaser/

[3] W. Poundstone. *How Would You Move Mount Fuji?* Little, Brown, New York, 2003.〔日本語訳は『ビル・ゲイツの面接試験』（青土社）〕

[4] C. Swartz. First, the answer. *The Physics Teacher* 33:488, 1995.

[5] P. Morrison. Fermi questions. *American Journal of Physics*, 31:626, 1963.

[6] T. Isenhour. Private communication. Originally attributed to H. Jeffries.

[7] G. Lucier and B.-H, Lin. Americans relish cucumbers, *Agricultural Outlook*, page 9, 2000.
http://www.ers.usda.gov/publications/agoutlook/dec2000/ao277d.pdf

[8] T. L. Isenhour and L.G. Pedersen. *Passing Freshman Chemistry*. Harcourt Brace Jovanovich, New York, 1981.

[9] Basic facts: municipal solid waste (US). Technical report, US Environmental Protection Agency, Washington, DC, 2006.

http://www.epa.gov/msw/facts.htm

[10] P. Jillette and Teller. Recycling. *Bullsh*t!* 2004.

[11] Stanford Comprehensive Cancer Center. Stanford bmt body surface area calculator, 2006.
http://bmt.stanford.edu/calculators/bsa.html

[12] *McGraw-Hill Encyclopedia of Science & Technology.* McGraw-Hill Professional, New York, 2004.

[13] G. Elert. The physics hypertextbook, 2006.
http://hypertextbook.com/facts/1998/StevenChen.shtml

[14] N. Juster. *The Phantom Tollbooth*. Knopf, New York, 1961.〔日本語訳は『マイロのふしぎな冒険』(PHP 研究所)〕

[15] G. Elert. The physics hypertextbook, 2006.
http://hypertextbook.com/physics/matter/energy-chemical/

[16] I. Buchmann. *Batteries in a Portable World*. Cadex Electronics, Richmond, BC, Canada, 2001.
http://www.batteryuniversity.com/index.htm

[17] L. Brown. *Plan B:Rescuing a Planet Under Stress and a Civilization in Trouble.* W. W. Norton, New York, 2003.〔日本語訳は『プラン B』(ワールドウォッチジャパン)〕
http://www.earth-policy.org/Books/PB/PBch8_ss4.htm

[18] M. S. Matthews, T. Gehrels, and A. M. Schumann, editors, *Hazards Due to Comets and Asteroids*. University of Arizona Press, Tucson, AZ, 1994.

http://seds.lpl.arizona.edu/nineplanets/nineplanets/meteorites.html

[19] International energy outlook 2006. Technical Report DOE/EIA-0484 (2006), DOE Energy Information Administration, Washington, DC, 2006.
http://www.eia.doe.gov/oiaf/ieo/world.html

[20] W. Thomson. On the age of the suns heat. *Macmillan's Magazine* 5:288, 1862. Reprinted in *Popular Lectures and Addresses*, vol.1, by Sir William Thomson, Macmillan, London, 1891.

[21] Sea level and climate. Technical Report Fact Sheet 002-00, US Geological Survey, Washington, DC, 2000.
http://pubs.usgs.gov/fs/fs2-00/

[22] *The World Factbook* 2006. Central Intelligence Agency, Office of Public Affairs, Washington, DC, 2006.
https://www.cia.gov/cia/publications/factbook/index.html

[23] Danish Wind Industry Association. Wind turbine power calculator.
http://www.windpower.org/en/tour/wres/pow/index.htm

[24] C. D. Elvidge et al. U.S. constructed area approaches the size of Ohio. *Eos, Trans. AGU* 85:233, 2004.
http://www.agu.org/pubs/crossref/2004/2004EO240001.shtml

[25] G. Grimvall. Socrates, Fermi, and the second law of thermodynamics. *American Journal of Physics*, 72:1145, 2004.

[26] Emissions of greenhouse gases in the United States 2004. Technical Report DOE/EIA-0573 (2004), DOE Energy Information Administration, Washington, DC, 2005.
http://www.eia.doe.gov/oiaf/1605/ggrpt/carbon.html

[27] D. L. Klass. Biomass for renewable energy and fuels. In *Encyclopedia of Energy*. Elsevier, Amsterdam, 2004.
http://www.beral.org/cyclopediaofEnergy.pdf

[28] R. A. Houghton. Aboveground forest biomass and the global carbon balance. *Global Change Biology* 11:945, 2005.
http://www.whrc.org/resources/published_literature/pdf/HoughtonGCB.05.pdf

[29] W. Ruddiman. *Plows, Plagues and Petroleum*. Princeton University Press, Princeton, NJ, 2005.

[30] G. H. Burgess. California beach attendance, surf rescues, and shark attacks 1990-2000. International Shark Attack File, 2005.
http://www.flmnh.ufl.edu/fish/Sharks/statistics/CAbeachattacks.htm

[31] M. Shaw, R.Mitchell, and D.Dorling. Time for a smoke? One cigarette reduces your life by 11 minutes, *British Medical Journal* 320:53, 2000.
http://bmj.bmjjournals.com/cgi/content/full/320/7226/53

＊本書は、二〇〇八年に日経BP社より刊行された『サイエンス脳のためのフェルミ推定力養成ドリル』を改題し文庫化したものです。

草思社文庫

フェルミ推定力養成ドリル

2019年4月8日　第1刷発行
2021年11月18日　第2刷発行

著　者　ローレンス・ワインシュタイン、ジョン・A・アダム
訳　者　山下優子、生田理恵子
発行者　藤田 博
発行所　株式会社 草思社
〒160-0022　東京都新宿区新宿1-10-1
電話　03(4580)7680(編集)
　　　03(4580)7676(営業)
　　　http://www.soshisha.com/

本文組版　有限会社 一企画
印刷所　中央精版印刷 株式会社
製本所　大口製本印刷 株式会社
本体表紙デザイン　間村俊一
2019 © Soshisha
ISBN978-4-7942-2391-3　Printed in Japan

草思社文庫既刊

放浪の天才数学者エルデシュ
ポール・ホフマン　平石律子=訳

鞄ひとつで世界中を放浪しながら、一日十九時間、数学の問題に没頭した数学者ポール・エルデシュ。子供とコーヒーと数学を愛し、やさしさと機知に富んだ天才のたぐいまれなる生涯をたどる。

ブラックホールを見つけた男(上・下)
アーサー・I・ミラー　阪本芳久=訳

ブラックホールを初めて理論的に説いたのはインド人天才青年だった。だが、根拠なく否定され、その約40年後、水爆の開発競争でふたたび注目を集めることになる。科学発展の裏に隠された科学者のドラマ。

ぼくの日本自動車史
徳大寺有恒

戦後の国産車のすべてを「同時代」として乗りまくった著者の自伝的クルマ体験記。日本車発達史であると同時に、昭和の若々しい時代を描いた傑作青春記でもある。伝説の名車が続々登場！

草思社文庫既刊

リチャード・フォーティ　渡辺政隆=訳
生命40億年全史（上・下）

地球は宇宙の塵から始まった。地獄釜のような地で塵から生命が生まれ、豊穣の海で進化を重ね、陸地に上がるまで──。40億年前の遙かなる地球の姿を大英自然史博物館の古生物学者が語り尽くす。

ポール・デイヴィス　林一=訳
タイムマシンのつくりかた

時間とは何か、「いま」とは何か？　理論物理学者がアインシュタインからホーキングまでの現代物理学理論を駆使して「もっとも現実的なタイムマシンのつくりかた」を紹介。現代物理学の最先端がわかる一冊。

リチャード・ドーキンス　垂水雄二=訳
遺伝子の川

生き物という乗り物を乗り継いで、果てしなく自己複製を続ける遺伝子。その遺伝子の営みに導かれ、人類はどこへ向かうのか。『利己的な遺伝子』のドーキンスが自然淘汰とダーウィン主義の真髄に迫る。

草思社文庫既刊

銃・病原菌・鉄（上下）
ジャレド・ダイアモンド　倉骨　彰＝訳

なぜ、アメリカ先住民は旧大陸を征服できなかったのか。現在の世界に広がる"格差"を生み出したのは何だったのか。人類の歴史に隠された壮大な謎を、最新科学による研究成果をもとに解き明かす。

文明崩壊（上下）
ジャレド・ダイアモンド　楡井浩一＝訳

繁栄を極めた文明はなぜ消滅したのか。古代マヤ文明やイースター島、北米アナサジ文明などのケースを解析、社会発展と環境負荷との相関関係から「崩壊の法則」を導き出す。現代世界への警告の書。

人間の性はなぜ奇妙に進化したのか
ジャレド・ダイアモンド　長谷川寿一＝訳

まわりから隠れてセックスそのものを楽しむ――これって人間だけだった⁉　ヒトの性は動物と比べて実に奇妙である。動物の性と対比しながら、人間の奇妙なセクシャリティの進化を解き明かす、性の謎解き本。

草思社文庫既刊

アレックス・ペントランド 小林啓倫=訳
ソーシャル物理学
「良いアイデアはいかに広がるか」の新しい科学

SNSで投資家の利益が変わる、会議で全員が発言すると生産性が向上する、風邪の引き始めは普段より活動的になる——人間行動のビッグデータから、組織や社会の改革を試みる"新しい科学"を解き明かす。

矢野和男
データの見えざる手
ウエアラブルセンサが明かす人間・組織・社会の法則

AI、センサ、ビッグデータを駆使した最先端の研究から仕事におけるコミュニケーションが果たす役割、幸福と生産性の関係などを解き明かす。「データの見えざる手」によって導き出される社会の豊かさとは?

クリフォード・ストール 池央耿=訳
カッコウはコンピュータに卵を産む(上・下)

インターネットが地球を覆い始める黎明期、世界を驚かせたハッカー事件。ハッカーは、国防総省のネットワークをかいくぐり、米国各地の軍事施設、CIAにまで手を伸ばしていた。スリリングな電脳追跡劇!